KB013124

오름오름
101
트레킹맵

오름 오름 101 트레킹 맵

초판 1쇄 발행일 2023년 10월 5일
초판 2쇄 발행일 2024년 9월 13일

지은이 박선정
펴낸이 허주영
펴낸곳 미니멈
디자인 황윤정

주소 서울시 종로구 창의문로3길 29(부암동)
전화 · 팩스 02-6085-3730 · 02-3142-8407
이메일 natopia21@naver.com
등록번호 제 204-91-55459

ISBN 979-11-87694-26-7 10980

오름오름 101 트레킹맵

박선정 지음

minimum

Contents

Part 2. West 오름_136

Part 3. 한라산국립공원 오름_210

난이도 상

Theme Index_218

Trekking Information Tip

오름은 제주도 전역에 분포한 소형 화산체로 360여개가 있다.

그 중 오름의 외형이 뚜렷하고 분화구 식별이 가능한 오름, 탐방로 접근이 용이하고 트레킹이 어렵지 않은 오름, 정상에서의 전망이 좋은 오름, 숲이 울창하여 산책하기 좋은 오름 101개를 선정하였다. 찾아보기 쉽도록 동쪽, 서쪽, 한라산국립공원 총 3개의 파트로 구분, 오름의 난이도 하, 중, 상의 순서로 구성했다.

지도와 〈Trekking Tip〉에는 한눈에 탐방루트를 파악할 수 있는 오름 약도, 표고(해발고도)와 비고(순수한 산의 높이), 트레킹 소요시간 및 오름에 필요한 필수 정보를, 〈How to Go〉에는 오름 입구까지 쉽게 찾아갈 수 있도록 내비게이션 주소(T맵과 카카오맵 기준), 차량 이용팁과 버스 정보를 담았고, 테마 인덱스에는 제2공항으로 위태로운 성산의 오름, 숲길 산책이 좋은 오름, 분화구 감상하기 좋은 오름, 비 오는 날이나 여름에 오르기 좋은 오름, 노을을 감상하거나 한라산 전망이 좋은 오름, 가을에 예쁜 오름, 아이들과 오르기 좋은 오름을 별도로 소개하였다.

지도와 〈Trekking Tip〉, 〈How to go〉의 약물은 다음을 뜻한다.

🏔 트레킹 코스   ⌖ 트레킹 팁   ★ 스페셜 포인트   🕐 탐방가능시간   🧳 준비물   🍸 편의시설
🚗 자동차   🚐 버스   Ⓑ 버스정류장   Ⓟ 주차장   🚻 화장실

이 책에 수록된 모든 정보는 2024년 9월 이전 기준이다.

사유지 오름의 경우 탐방이 가능하다가 상황에 따라 갑자기 출입이 금지되기도 하고, 일부 인기 있는 오름은 너무 많은 탐방객으로 몸살을 앓다가 자연휴식년에 들어가 출입이 제한되기도 한다. 반면 잡목이 우거지고 수풀이 무성해지도록 계속 방치하여 접근이 어려운 오름도 늘어나고 있다. 화산 폭발로 만들어진 오름은 지반이 매우 약하다. 강한 바람과 빗물에 의해서 쓸려 내려가고, 사람들의 발길에 의해서도 길이 패이면서 쉽게 훼손이 일어난다. 때문에 비가 오는 날이나 비 온 후 흙이 덜 말랐을 때는 탐방을 피하고, 탐방객이 많이 찾는 유명한 오름은 탐방을 자제하는 노력이 필요하다.

오름 오를 때 준비해요

운동화 및 트레킹화 구두나 슬리퍼는 안전에도 지장이 있지만, 탐방로의 흙을 훼손시키기도 하므로 오름 탐방 시 운동화나 트레킹화를 준비한다. 야자수매트와 목재 계단이 설치된 완만한 탐방로는 바닥이 평평한 운동화도 무난하지만, 경사가 심한 비포장 흙길이나 바닥이 젖어 있는 탐방로는 트레킹화를 신는 것이 안전하다.

스패츠 겨울 눈길에서 주로 사용하는 스패츠, 수풀이 우거진 오름에 오를 때 신발 안으로 흙이 들어오는 것을 방지하고, 진드기나 뱀으로부터 발목을 보호할 수 있어서 매우 유용하다.

긴바지 5월~9월에는 탐방로에 매트가 깔려 있어도 길섶의 풀이 무성하여 진드기, 모기, 뱀 등에 쉽게 발목이 노출되므로 긴바지를 착용하고 양말을 신는 것이 좋다.

진드기, 모기 기피제 오름 주변에 수풀이 무성하고 소와 말을 방목하는 곳이 많아 진드기가 많이 서식하는 편이다. 5월로 접어들면 진드기가 본격적으로 활동하고, 울창한 숲길에는 모기도 많기 때문에 진드기, 모기 기피제는 반드시 준비한다.

스틱 제주 오름에서의 스틱은 여름철 무릎 높이 이상 자란 수풀을 헤치거나 가을에 키높이로 자란 억새를 헤치고 나아갈 때 유용하다. 또한 울창한 숲길에서 거미줄을 헤치거나 탐방로가 보이지 않을 만큼 수풀이 무성한 곳에서 뱀이나 다른 동물의 접근을 방어하는 용도로도 사용 가능하고, 갑자기 들개를 만나거나 여성 혼자 오름을 오를 때 호신용으로 사용하기 좋다. 스틱 대용으로 장우산을 사용해도 좋다. 오름을 오르내릴 때 스틱 용도로 사용할 때는 흙길에서 사용은 자제하고, 포장된 도로나 매트 깔린 탐방로로만 이용한다.

식수와 간식 중산간 지역의 오름에는 주변에 편의시설이 없으므로 미리 챙기는 것이 좋다.

쓰레기봉투, 집게 오름 탐방로에서 빈 물병, 마스크, 일회용 컵, 캔 등 쉽게 수거 가능한 쓰레기가 보인다면 집게를 이용하여 쓰레기봉투에 담아오자.

제주여행지킴이 혼자 여행하는 이들을 위해 공항에서 대여해주는 스마트 워치로, 위급한 상황 발생 시 바로 112에 신호를 보내 도움을 받을 수 있다. 제주공항, 제주항 여객터미널 관광안내센터에서 소정의 보증금을 지불하고 대여 가능하다.

오름 오를 때 대비해요

진드기 예방 수칙

진드기 매개 감염병인 중증 열성 혈소판감소 증후군(SFTS)은 바이러스에 감염된 진드기에 물려 발생하는 질환으로, 물리면 38도 이상의 고열, 구토, 설사, 식욕부진, 근육통 등의 증상이 나타나고, 심하면 사망에 이르기까지 하므로 진드기에 물리지 않는 것이 최선이다.

1. 주의 시기 진드기의 주요 활동 시기인 4월~10월

2. 출몰 장소 소와 말을 방목하는 오름이나 풀밭, 수풀이 무성한 곳

3. 준비물 진드기 기피제, 밝은 색깔의 긴바지와 긴소매, 양말, 모자

4. 예방수칙

1) 진드기 기피제를 꼼꼼하게 뿌려주고, 풀밭에 앉거나 가방을 내려놓지 않는다.

2) 오름에서 내려오면 곧바로 진드기가 붙어 있는지 확인하고, 옷이나 신발을 털어준다.

3) 귀가하면 착용했던 의류는 곧장 세탁하고, 샤워하면서 진드기에 물린 흔적이 있는지 살펴본다.

5. 증상 발현 시 탐방 후 물린 자국이 있거나 설사, 고열 등의 증상이 있으면 즉시 병원에 간다.

뱀 물림 예방 수칙 및 응급 조치

1. 주의 시기 여름, 특히 가을

2. 출몰 장소 계곡, 곶자왈, 풀이 많거나 수풀이 우거진 곳

3. 준비물 긴바지와 양말, 모자, 장갑, 손수건, 트레킹화, 스패츠, 스틱 또는 장우산

4. 예방수칙

1) 탐방로를 벗어나지 않도록 하고, 비 온 다음 날을 각별히 조심한다.

2) 수풀이 우거져 길이 잘 보이지 않을 경우, 스틱을 이용해 뱀이 있는지 확인하며 걷는다.

3) 오름 탐방로에 설치된 국가지점번호가 보일 때마다 촬영해두면 구조 요청 시 유용하다.

5. 뱀에 물렸을 때 행동 요령

1) 제일 먼저 119에 신고하고, 뱀의 모양, 색깔, 특징 등을 기억하고 가능하다면 촬영해둔다.

2) 움직임을 최소화하며 좀더 안전한 장소로 이동, 편안히 앉아 응급처치를 한다.
뱀에 물린 부위에서 5~7cm 정도 위쪽을 손수건이나 신발끈 등으로 손가락 하나가 들어갈
정도의 세기로 묶어 독이 퍼지지 않게 한다.

3) 절대 입으로 독을 빨아내는 행위는 하지 않는다.

멧돼지 발견 시 행동 요령

1. 주의 시기 4월~6월(포유기), 11월~1월(교미기간)

2. 출몰 장소 한라산 둘레길 주변이나 중산간 인적이 드문 오름

3. 멧돼지 신고 119

4. 멧돼지 만났을 때 행동 요령

1) 소리를 지르거나 돌멩이를 던지는 등 멧돼지를 자극하는 행위는 하지 않는다.

2) 움직이지 말고 침착하게 멧돼지를 똑바로 바라보며 주변에 숨을 곳을 물색한다.

3) 살금살금 뒷걸음쳐서 나무나 바위 뒤로 잽싸게 피하고, 절대 뒤돌아 뛰어가지 않는다.

4) 119에 신고하고, 멧돼지를 조용히 지켜보며 구조를 기다린다.

5) 만약 멧돼지가 공격할 행동을 보이면 최대한 높은 곳으로 올라가고, 가방 등의 소지품으
로 몸을 보호한다.

6) 멧돼지는 후각이 좋아서 사람들이 드나드는 탐방로에는 접근을 잘 하지 않는 편이므로,
오름 트레킹 시 탐방로를 벗어나지 않도록 하고, 인적 드문 중산간 오름에 갈 때는 반드시
2~3명 이상 동행하며, 멧돼지 발자국이 보이면 신속히 하산하는 것이 좋다.

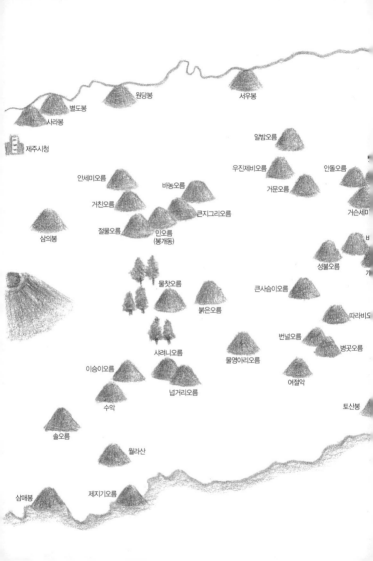

오름

다랑쉬오름

지미봉

우도

은오름

아끈다랑쉬오름

은월봉

두산봉

손지오름

용눈이오름

대왕산

동검은이오름

성산일출봉

궁대오름

낭끼오름

좌보미오름

후곡악

대수산봉

나시리오름

유건에오름

모구리오름

통오름

독자봉

달산봉

도청오름

PART1 EAST 오름

East 오름의 기준은 북쪽(제주시)의 제주시청, 남쪽(서귀
포시)의 서귀포시청(제2청사)을 중심으로 오른쪽에 위치
한 오름을 East 오름으로 분류하여 구성하였다. 동부권
의 주요 도로인 516로부터 남조로, 번영로, 비자림로, 중
산간동로, 일주동로 주변으로 개성 만점의 크고 작은 오
름이 골고루 자리하고 있고, 대중교통을 이용하여 어렵
지 않게 찾아갈 수 있을 뿐만 아니라 인접한 오름끼리
연계 트레킹하기도 쉽다. 해안지역에서는 바닷가 마을 풍
경과 푸른 바다를, 중산간 지역에서는 한층 더 가까워진
한라산과 줄지어 앉은 오름 군락, 아스라이 펼쳐진 해안
선까지 음미하며 트레킹 할 수 있다. 특히 대부분의 오름
정상에서 우도와 성산일출봉이 가깝게 또는 멀게 조망
되는데, 위치에 따라 찾아보는 재미를 더해준다.

낭끼오름

남거봉 표고 185.1m **비고** 40m

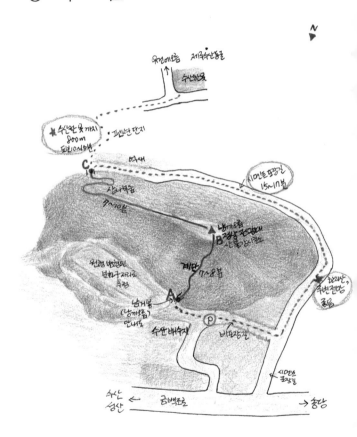

정상 뷰 ★★★★	**T 포인트** 전망, 일출, 일몰	**난이도** 하
탐방로 정비 잘됨	**추천** 9월~5월	**특이점** 수산 한못
동행 함께	**비추천** 비 오는 날, 여름	**함께 T** 유건에오름, 궁대오름

Trekking Tip

🏔 **정상 코스, 정상+둘레길 코스, 낭끼오름+수산 한못 코스**

(A 낭끼오름 입구, B 정상 전망대, C 수산 한못 방향 출입로)

1. 정상 코스 A→B→A, 15~20분

2. 정상+둘레길 코스 A→B→C→A, 30~40분

3. 낭끼오름+수산 한못 코스 A→B→C→수산 한못→C→A, 1시간~1시간 30분

👁 A~B구간은 힘들지 않게 오를 수 있는 계단, B~C구간은 울창한 숲길

C~수산 한못 구간(그늘 없음, 한낮 피할 것)은 C에서 펜션 단지로 직진, 포장도로 따라 이동

낭끼오름 정상만 들러 하산할 경우 차를 타고 수산 한못으로 이동해도 좋음

낭끼오름 정상은 최근 자라나는 나무들로 조망이 다소 아쉬움

★ 수산 한못에 담긴 낭끼오름 뷰

🕐 시간 제한 없음

💼 운동화, 식수, 모자, 자외선 차단제

🍵 없음, 궁대오름(제주자연생태공원) 화장실(2.5km 거리)이용

How to Go

📍 서귀포시 성산읍 수산리 3954

🚗 **내비게이션 '서귀포시 성산읍 수산리 3954'**

제주시 버스터미널에서 34km, 50분~1시간 / 서귀포 버스터미널에서 43km, 1시간 10분

금백조로에서 농로로 진입 → 오름 입구 주변 비포장 공터에 주차

🚌 **가까운 정류장 없어서 버스 이용은 불편**

풍력생태길입구 정류장(211번, 212번) 하차 → 낭끼오름까지 1.7km, 도보 약 20분, 인도 없으므로 최대한 갓길로 걷고, 차량 조심

유건이오름 정류장(721-3번) 하차 → 수산 한못까지 1.5km, 15분 → 낭끼오름까지 800m, 10~15분

궁대오름

궁대악 표고 238.8m **비고** 54m

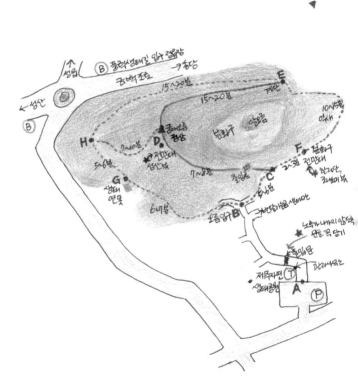

정상 뷰 ★★★　　　　**T 포인트** 숲 산책　　　　　**난이도** 하
탐방로 정비 잘됨　　　　**추천** 사계절(s가을)　　　**특이점** 제주자연생태공원, 무료 입장
동행 혼자　　　　　　　**비추천** 비 오는 날　　　　**함께 T** 낭끼오름, 백약이오름

Trekking Tip

🦅 **정상 코스, 정상+둘레길 코스**

　　(A 자연생태공원 입구, B 오름 입구, C 분화구 둘레, 정상 갈림길, D 궁대오름 정상 갈림길,
　　E 둘레, 정상 갈림길, F 분화구 전망대, G 생태연못, H 둘레, 정상 갈림길)

　　1 정상 코스 A→B→C→D→H→G→B→A, 40~50분

　　2 정상+둘레길 코스 A→B→C→D→H→E→F→C→B→G→B→A, 1시간 30분~2시간

👁 　E~D구간은 경사 심하고, C~D구간은 완만, G~H→E구간은 울창한 숲길, E~F~C구간은
　　탁 트인 풀밭길, 곳곳에 놓인 궁대오름 위치도 참조, 어린이와 함께 체험 학습도 좋고, 야생노
　　루가 자유롭게 서식하는 지역으로 반려동물은 출입 금지, 공원 내에서 취사 및 야영 금지

⭐ 　분화구 전망대, 곰사육장 전망대, 정상 전망대 뷰

🕐 　오전 10시~오후5시(4시 30분까지 입장) 연중무휴

🧳 　트레킹화, 스패츠, 밝은 의상, 진드기 기피제, 식수

🍸 　화장실, 자연생태공원 관리사무소

How to Go

📍 　서귀포시 성산읍 수산리 4711-8

🚗 　**내비게이션 '제주자연생태공원'**

　　제주시 버스터미널에서 33.9km, 50분~1시간 / 서귀포 버스터미널에서 42.3km, 1시간 10분
　　자연생태공원 주차장 이용(무료 / 전기차 충전소 있음)

🚌 　**풍력생태길입구 정류장**

　　풍력생태길입구 정류장(211번, 212번) 하차 → 자연생태공원 입구까지 1.2km, 도보 10~15분,
　　인도 없으므로 최대한 갓길로 걷고, 차량 조심

아부오름

앞오름 표고 301.4m **비고** 51m

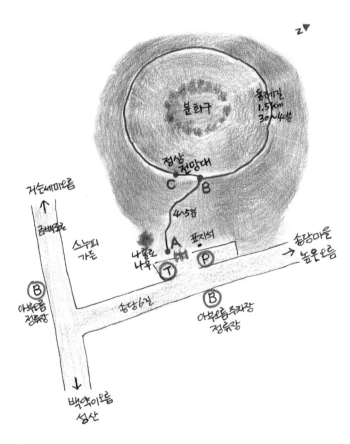

정상 뷰 ★★★★ **T 포인트** 전망, 분화구, 노을 **난이도** 하
탐방로 정비됨(풀 주의) **추천** 9월~5월(s겨울) **특이점** 소 방목
동행 혼자 **비추천** 한여름, 비 오는 날 **함께 T** 높은오름, 백약이오름

Trekking Tip

🏔 정상 코스, 정상+분화구 둘레길 코스
  (A 아부오름 입구, B 아부오름 정상 분화구 둘레 갈림길, C 전망대)
  1. 정상 코스 A→B→C→B→A, 10~15분
  2. 정상+분화구 둘레길 코스 A→B→C→분화구 둘레길 한바퀴→B→A, 40~50분

👁 B지점에서 왼쪽 둘레길의 조망 좋고, 오른쪽 둘레길은 나무에 가려 조망 좋지 않음. 분화구 둘레길을 한바퀴 걸으며 주변의 백약이오름, 거슨세미오름, 안돌오름, 밧돌오름, 높은오름 등을 관찰하기 좋음. 탐방로 곳곳에 소똥 많으니 주의. 분화구 안쪽 숲길은 수풀이 많으니 조심

★ 원형 분화구와 전망대에서 저녁 노을 감상

🕐 시간 제한 없음

👜 운동화, 긴바지, 진드기 기피제, 자외선 차단제, 모자

🍸 화장실, 인근 송당마을 편의시설 이용

How to Go

📍 제주시 구좌읍 송당리 산 164-1

🚗 내비게이션 '아부오름 주차장'
  제주시 버스터미널에서 29km, 40~50분 / 서귀포 버스터미널에서 47.3km, 1시간 10분
  아부오름 주차장 이용

🚌 **아부오름 정류장 or 아부오름 주차장 정류장**
  아부오름 정류장(211번, 212번, 721-2번) 하차 → 아부오름 입구 주차장까지 535m, 도보 6~7분(인도 없으므로 차량 조심)
  아부오름 주차장 정류장(810-2번) 하차 → 곧장 주차장 통과하여 오름으로 진입

유건에오름

유건이오름 표고 190.2m **비고** 75m

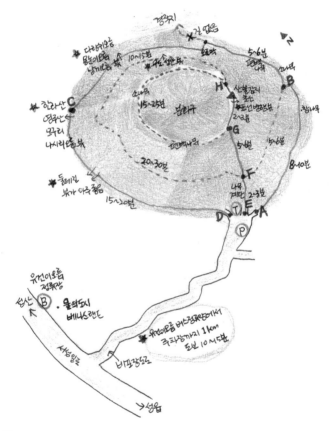

정상 뷰 ★★★	**T 포인트** 둘레길 전망	**난이도** 하
탐방로 정비됨(수풀 주의)	**추천** 9월말~4월(s가을)	**특이점** 난산 에코힐링 마로코스
동행 함께	**비추천** 여름, 비 오는 날	**함께 T** 낭끼오름, 모구리오름

Trekking Tip

🏔 **정상 코스, 정상+둘레길 코스, 둘레길 코스**

(A 둘레길 입구, B 둘레길 갈림길, C 한라산.영주산 전망 지점, D 둘레길 출구, E 정상 탐방로 입구, F 정상, 둘레길 갈림길, G 정상, 분화구 갈림길, H 정상 갈림길)

1. 정상 코스 E→F→G→정상 산불감시초소→G→F→E, 20~30분

2.정상+둘레길 코스 A→B→C→D→E→F→H→정상 산불감시초소→G→F→E, 1시간 30분 ~2시간

3. 둘레길 코스 A→B→C→D순으로 한바퀴, 40~50분

👁 정상보다는 둘레길 전망이 훨씬 좋으므로, 밑자락 둘레길을 한바퀴 걸으며 주변 조망하면 좋음. 여름에는 둘레길에 풀이 무성하여 걷기 불편. 추석에 벌초 시기가 끝날 때쯤부터 이른 봄까지 이용. 둘레길 이정표 미흡, 갈림길 안내가 충분치 않음

★ 오름 밑자락 둘레길에서 보는 주변 오름 군락

🕐 시간 제한 없음

👜 운동화, 스패츠, 식수, 진드기 기피제

🍸 간이화장실

How to Go

📍 서귀포시 성산읍 난산리 2302

🚗 내비게이션 '유건에오름'

제주시 버스터미널에서 37km, 1시간 / 서귀포 버스터미널에서 40km, 1시간 10분

성산 → 성읍 방향은 베니스랜드를 지나자마자 좌회전, 성읍 → 성산 방향은 난산입구교차로를 지나 베니스랜드 가기 직전 우회전(상태 좋지 않은 비포장도로)

오름 입구 풀밭 공터에 주차(내비게이션에 따라 상이하게 안내)

🚌 유건이오름 정류장

유건이오름 정류장(721-3번) 하차 → 성읍 방향으로 약 250m 직진 후 좌회전 → 유건에오름 입구까지 약 1km, 도보 10~15분(비포장도로, 공동묘지, 흙먼지와 풀 주의)

모구리오름

모골이 표고 232m **비고** 82m

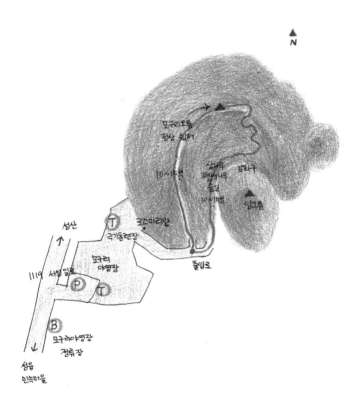

N

모구리오름
정상 쉼터

10~15분

삼나무
편백나무
숲길

분화구

10~15분

일전름

성산

T
국기풍련장

꼬슨마리밭

1119 서성일로

모구리
야영장

P
T

B
모구리야영장
정류장

졸임로

섬읍
민속마을

정상 뷰 ★★★　　　　**T 포인트** 숲 산책　　　　**난이도** 하

탐방로 정비됨(풀 주의)　　**추천** 사계절(s겨울))　　**특이점** 모구리 야영장

동행 함께　　　　　　　**비추천** 비 오는 날　　**함께 T** 영주산, 유건에오름

Trekking Tip

🏔 **정상+분화구 숲길 코스**

　모구리야영장 주차장→야영장 산책로→모구리오름 출입로→왼쪽 정상 탐방로→정상→분화구(삼나무, 편백나무) 숲길→출입로→야영장 산책로→주차장, 30∼40분

👁 모구리오름은 야영장 시설도 잘 갖춰져 있고, 오름 탐방로가 완만하여 아이들과 함께 야영 및 트레킹하면 좋음. 오름 전체가 울창한 숲으로 둘러싸여 바깥 전망은 정상부에서만 가능. 오름 분화구에 삼나무와 편백나무가 조림되어 울창한 숲을 이루고 있고, 넉넉한 쉼터에서 여유 있게 머물러도 좋음. 나무들 사이로 모구리오름이 품고 있는 작은 알오름을 볼 수 있음

★ 삼나무, 편백나무 숲길

🕐 시간 제한 없음

👜 운동화, 식수

🍸 화장실

How to Go

📍 서귀포시 성산읍 난산리 2960-1

🚗 **내비게이션 '모구리야영장 주차장'**

　제주시 버스터미널에서 35.4km, 50분∼1시간 / 서귀포 버스터미널에서 41.8km, 1시간 10분

　모구리야영장 주차장 이용(무료 / 전기차 충전소 있음)

🚐 **모구리야영장 정류장**

　모구리야영장 정류장(721-3번) 하차 → 야영장 주차장까지 약 350m, 4∼5분 → 야영장 산책로를 따라 모구리오름 출입로까지 650m, 10분

독자봉

망오름 표고 159.3m **비고** 79m

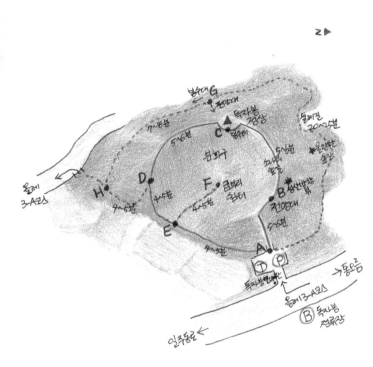

N▶

봉수대 G
전망대

7시8분

5시6분

독자봉
정상
봉터

C

분화구

돌계단
20시25분

동사8분
동굴

H

D

F

큰봉리
동터

은근한
오르막

4시5분

4시5분

성산방향
뷰

B

E

4시5분

천10미터

5시6분

올레
3-A코스

올레3-A코스

독자봉안내반

A

→동오름

일주동로 ←

Ⓑ 독자봉
정류장

정상 뷰 ★★	T 포인트 숲 산책	난이도 하
탐방로 정비 잘됨	추천 사계절	특이점 올레3-A코스
동행 함께	비추천 비 오는 날	함께 T 모구리오름, 통오름

Trekking Tip

🏞 **정상+분화구 코스, 분화구+둘레길 코스**

(A 독자봉 입구 갈림길, B 전망대, C 정상 봉수터, D 올레3-A코스 갈림길, E 분화구 숲길 입구, F 분화구 쉼터, G 둘레길 갈림길, H 둘레길, 올레3-A코스 갈림길)

1. 정상+분화구 코스 A→B→C→D→E→F(선택)→A, 30~40분

2. 분화구+둘레길 코스 A→오른쪽 둘레길 진입→G→H→D→E→F→E→A, 50분~1시간

👁 울창한 독자봉은 정상 능선까지도 숲이 빽빽하여 전망이 아쉬운 편이지만, 제2공항 예정 부지가 한눈에 내려다보이는 전망대 뷰는 좋음. 정상 구간이 워낙 짧아서 분화구 쉼터와 둘레길 모두 트레킹하면 좋음. 특히 분화구 숲길은 쉼터가 넉넉하여 오래 머물러도 좋음

★ 제2공항 예정 부지를 볼 수 있는 전망대

🕐 시간 제한 없음, 둘레길은 숲길이 울창하여 늦은 시간은 피할 것

👜 운동화, 식수

🍸 화장실

How to Go

📍 서귀포시 성산읍 신산리 1785

🚗 내비게이션 '독자봉' or '독자봉 입구'

제주시 버스터미널에서 38.6km, 1시간 / 서귀포 버스터미널에서 44.9km, 1시간 10분

오름 입구 주차장 이용

🚐 독자봉 정류장

독자봉 정류장(295번, 722-1번) 하차 → 곧장 오름 입구로 진입

정류장 여유 공간 없어서 승하차 시 차량 조심

여절악

여쩌리 표고 209.8m **비고** 50m

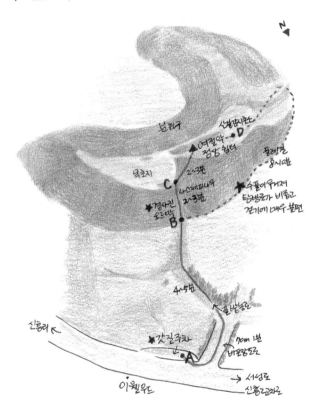

남편구

신벌강시른스

여절악
정상 험터 • D

물러컨
용시대면

2~3번

덕초지

C

사스테피나위
2~3번

★수풀어우거져
탕반토가 비줍고
걸기에 매우 불편

★경사진
오르막

B

4~5번

★굴반농로

신룡러

70m 1번
비포장도로

★갓김국차
• A

→ 서성로
신룡2교과로

이윈우드

정상 뷰 ★★★★★　　　　T 포인트 전망　　　　　　　난이도 하

탐방로 정비 안 됨(수풀 주의)　　추천 10월~5월(s가을)　　　특이점 정상의 석상

동행 함께　　　　　　　　　　비추천 여름, 비 오는 날　　　함께 T 병곳오름, 번널오름

Trekking Tip

🏔 **정상 코스**

(A 도로 갓길주차 지점, B 오름 입구, C 능선 숲길, D 산불감시초소)

A→B→C→정상 쉼터→D→정상 쉼터→C→B→A, 20~30분

👁 정상까지는 10분도 걸리지 않는 아주 낮은 오름이지만 탐방객이 거의 없고, 여름철엔 수풀이 무성하여 접근이 쉽지 않음. 둘레길은 겨울에도 뚫고 나가기 쉽지 않을 만큼 수풀이 우거져 위험하므로 정상에서 되돌아 나오는 것이 좋음. 정상의 정자 쉼터 뷰가 너무나도 훌륭하여 욕심껏 머물러도 좋음

A지점에서 비포장도로 진입하여 좌회전하면 인도가 없고 경작지의 가장자리 풀밭을 통과하여 B지점까지 찾아 들어가야 하므로 트레킹맵 참조하여 이동하기

⭐ 정상 쉼터의 360도 파노라마 뷰

🕐 시간 제한 없음

🧳 운동화, 스틱, 식수

🍸 없음

How to Go

📍 서귀포시 남원읍 신흥리 산 18

🚗 내비게이션 '서귀포시 남원읍 원님로 399번길 152'

제주시 버스터미널에서 35.2km, 55분 / 서귀포 버스터미널에서 30.7km, 50분

이웰드 건물 주변 갓길에 주차(주차 공간 협소)

🚌 **주변 정류장 없어 버스 이용 불편**

가장 가까운 버스정류장은 3km 거리의 안좌동 정류장(여절악까지 도보로 이동하기 쉽지 않음)

번널오름

번판악 표고 272.3m **비고** 62m

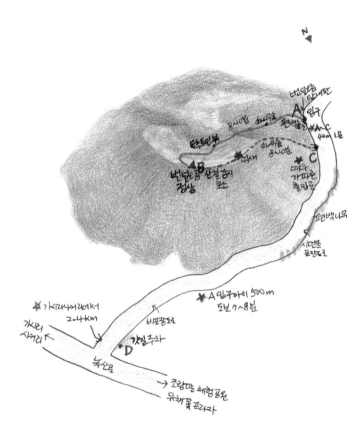

N

번널오름 알바밭채원

A 입구

8시○번 쇠!!로호 번비밭채원 A n C

탄토민붓 쇠!로호 9시○번 40m 내부

B 2km C

번널오름 산별감리 정상 초소 매우 가파른 클릭로

편백나무

시멘트 포장도로

★ A입구까지 500m 도보 7∧8분

★ 가시리사거리에서 2.4km

가시리 사거리

비포장도로

★ 갓널주차 D

녹산롤

→ 조랑말 체험공원 유채꽃 프라자

28

정상 뷰 ★★★★★ **T 포인트** 전망 **난이도** 하

탐방로 정비됨(수풀 주의) **추천** 11월~4월(s가을) **특이점** 오름을 조망하는 오름

동행 함께 **비추천** 여름, 비 오는 날 **함께 T** 병곳오름, 따라비오름

Trekking Tip

🏔 **정상 코스**

(A 오름 입구, B 오름 정상 C 오름 출입로 D 녹산로 진입 지점)

11월~4월 D→A→B→C→D / 5월~10월 D→A→B→A→D. 30~40분

👁 A지점 오름 입구에 주차공간이 없으므로 D지점 풀밭 공터에 주차하고 도보로 이동

A~정상 구간은 넓고 완만한 숲길. C~정상 구간은 경사 심하고 울창한 숲길로 A지점에서 올라 C지점으로 내려오는 것이 좋음. 정상에서 C구간의 절반은 탁 트인 능선으로 억새와 함께 한라산을 조망해볼 수 있어 좋지만, 나머지 절반은 수풀이 우거지고 탐방로가 정비되어 있지 않아 스틱 사용하여 조심해서 내려와야 함. 낮은 오름이지만 정상에 오르면 제주 동부권의 수많은 오름을 조망해볼 수 있어서 주변 오름 찾아보는 재미가 쏠쏠함

⭐ 정상에서 바라보는 제주 동부권의 오름 뷰

🕐 시간 제한 없음

👜 트레킹화, 스패츠, 스틱, 식수, 모자, 자외선 차단제

🍸 없음

How to Go

📍 서귀포시 표선면 가시리 산 10-5

🚗 내비게이션 '번널오름'

제주시 버스터미널에서 32km, 50분 / 서귀포 버스터미널에서 35km, 55분

녹산로로 진입하자마자 D지점 공터 풀밭에 주차하고, 도보로 500m 이동

🚌 **가까운 정류장이 없어서 버스 이용은 불편**

가장 가까운 버스정류장은 가시리 사거리의 가시리취락구조 정류장(222번, 732-1번) 하차 → 번널오름 진입로인 D지점까지 녹산로 갓길 따라 2.4km, 30분(인도가 없으므로 차량 조심)

월라산

도라미, 월라봉 표고 117.8m 비고 63m

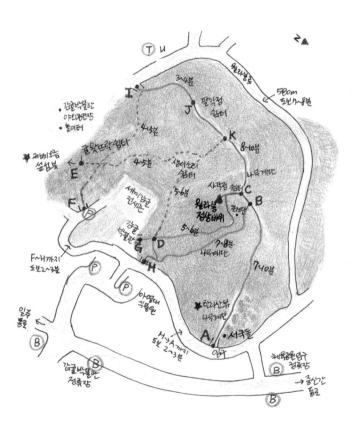

정상 뷰 ★★	T 포인트 숲 산책, 서국돌	난이도 하
탐방로 정비 잘됨	추천 사계절	특이점 감귤박물관
동행 혼자	비추천 비 오는 날	함께 T 제지기오름, 삼매봉

Trekking Tip

🏔 **월라봉 정상바위 코스, 전체 탐방로 코스**

(A 서국돌 입구, B 정상 갈림길, C 사각정 쉼터 갈림길, D 둘레 숲길 갈림길, E 귤왓뜨락쉼터, F 감귤전시관 방향 출입로, G 감귤박물관 옆 출입로, H 오름 입구, I 야외공연장 방향 출입로, J 팔각정 정상 쉼터, K 정상 능선 갈림길)

1. 월라봉 정상바위 코스 A→B→C→월라봉 정상바위→D→G, 20~30분

2. 전체 탐방로 코스 A→B→C→월라봉 정상바위→C→K→J→I→E→D→G, 30~40분

👁 H~B구간은 단조롭고 계단으로 이어진 숲길이라 A지점 서국돌에서 오르면 좋고, Y자형 등성마루로 이어진 세 개의 봉우리는 월라봉 정상바위를 제외하고 바깥 전망 없음. 서국돌 입구에서는 한라산을 조망할 수 있고, 귤왓뜨락쉼터에서는 제지기오름, 섶섬을 조망할 수 있음. 출입로와 갈림길이 많아 복잡하지만 모든 탐방로를 골고루 트레킹해도 좋음

★ 서국돌(웅장한 바위)과 한라산 뷰

🕐 시간 제한 없으나, 숲길이 울창하여 늦은 시간은 피하기

📱 운동화, 식수, 모기 기피제(여름)

🍸 화장실, 감귤박물관의 편의시설 이용

How to Go

📍 서귀포시 월라봉로 76-40

🚗 내비게이션 '감귤박물관'

제주시 버스터미널에서 37.7km, 55분 / 서귀포 버스터미널에서 11.6km, 20분

감귤박물관 주차장 이용(무료 / 전기차 충전소 있음)

🚌 체육공원입구 정류장 or 감귤박물관 정류장

체육공원입구 정류장(621번, 623번, 624번) 하차 → A지점인 서국돌로 곧장 진입 가능, 감귤박물관까지는 약 300m, 3~4분

감귤박물관 정류장(621번, 623번, 624번) 하차 → 감귤박물관까지 약 300m, 3~4분

제지기오름

절오름 표고 94.8m **비고** 85m

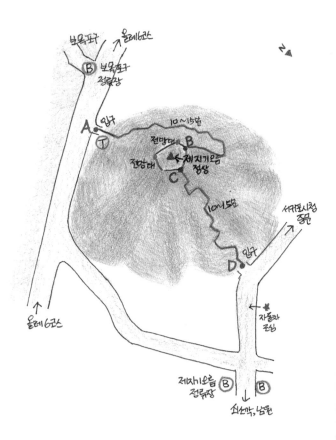

정상 뷰 ★★★　　　　**T 포인트** 숲 산책, 섬섬　　　**난이도** 하

탐방로 정비 잘됨　　　**추천** 사계절(s가을)　　　**특이점** 사유지, 보목포구

동행 혼자　　　　　　　**비추천** 비 오는 날　　　　**함께 T** 월라산, 삼매봉

Trekking Tip

🛩 **정상 코스, 전체 탐방로 코스**

(A 제지기오름(보목포구 방향) 입구, B 정상 탐방로, 전망대 갈림길, C 정상 탐방로 갈림길,
D 보목포구 반대편 오름 입구)

1. 정상 코스 A→B→정상 전망대→B→A, 또는 D→C→B→정상 전망대→C→D, 30~40분

2. 전체 탐방로 코스 A→B→정상 전망대→C→D→A, 40~50분

👁 정상 전망대에서 바라보는 섬섬과 아담한 보목마을 풍경이 인상적임. 주변 해안 풍광이 멋져
서 올레6코스를 따라 연이어 트레킹해도 좋음(인도가 없으므로 도로 이용 시 차량 주의)

제지기오름은 사유지로, 탐방 시설 정비가 어려운 실정이라 노후된 나무 계단 이용 시 각별히
안전사고에 유의하기

★ 가을날 털머위꽃 탐방로, 전망대 섬섬 뷰

🕐 시간 제한 없음

💼 운동화, 식수

🍸 화장실

How to Go

📍 서귀포시 보목동 275-1

🚗 내비게이션 '제지기오름' or '보목포구'

제주시 버스터미널에서 42.3km, 1시간 10분 / 서귀포 버스터미널에서 12km, 20분

A지점 출입로 이용 시 보목포구 주차장이나 오름 입구 공터에 주차하고, D지점은 갓길이 협소
하여 주차가 쉽지 않으므로, 차량 이용 시 A지점을 이용하는 것이 편리함

🚌 보목포구 정류장 or 제지기오름 정류장

보목포구 정류장(630번) 하차 → A지점 오름 입구까지 150m, 2~3분

제지기오름 정류장(520번, 521번) 하차 → D지점 오름 입구까지 290m, 3~4분

삼매봉

삼미봉 표고 153.6m 비고 104m

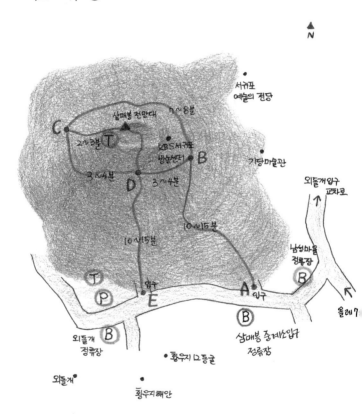

정상 뷰 ★★★★　　　**T 포인트** 전망, 노을, 야경　　　**난이도** 하

탐방로 정비 잘됨　　　**추천** 사계절　　　**특이점** 도심공원, 올레7코스

동행 혼자　　　**비추천** 시야 좋지 않은 날　　　**함께 T** 제지기오름, 고근산

Trekking Tip

🐾 **정상 전망대 코스**

(A 삼매봉 입구, B 정상부 둘레 갈림길, C 정상 전망대 입구, D 올레7코스 갈림길, E 외돌개
방향 삼매봉 입구)

1. A에서 시작하는 코스 A→B→C→정상 전망대→D→B→A, 30~40분

2. E에서 시작하는 코스 E→D→정상 전망대→C→B→D→E, 30~40분

👁 인근 마을 주민들이 즐겨 찾는 도심공원으로 편안한 차림으로도 산책 가능. 정상 전망대에서
바라보는 경치가 좋고, 전망대 쉼터도 편안함. A~B~C구간은 계단이 없어서 유모차 통행이
가능하나, 경사진 오르막을 오르기 쉽지 않음. 오름 기슭 곳곳이 농경지로 개간되어 개들이
지키고 있어 탐방로 외 길은 위험하니 탐방로만 이용하기

★ 전망대에서 바라보는 한라산과 서귀포 시내 풍광

🕐 시간 제한 없음

💼 운동화, 식수

🍸 화장실, 외돌개 휴게소

How to Go

📍 **서귀포시 서홍동 819**

🚗 **내비게이션 '삼매봉' or '외돌개 주차장'**

제주시 버스터미널에서 41.8km, 1시간 / 서귀포 버스터미널에서 6.2km, 10분

A~E구간은 주정차 위반 무인 단속을 하므로, A지점 근처 주차는 쉽지 않음

외돌개 주차장을 이용, E지점 입구로 곧장 진입하거나 A지점에서 440m, 7~8분 이동

🚌 **삼매봉중계소 입구 정류장 or 외돌개 정류장**

삼매봉중계소 입구 정류장(615번, 692번, 880번) 하차 → 곧장 A지점 오름 입구로 진입

외돌개 정류장(615번,692번, 880번) 하차 → E지점 오름 입구까지 100m, 1~2분

넙거리오름

멀동남오름 표고 436.6m **비고** 102m

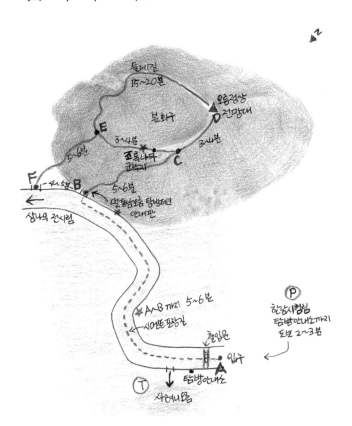

둘레길
15~20분

오름정상
전망대

분화구

E

3~4분

조록나무
군락지

C

3~4분

5~6분

F

4~5분

B

5~6분

멀동남오름 탐방데크
안내판

삼나무 전시림

※ A~B 까지 5~6분
시멘트 포장길

출입문

입구

A

T
사려니오름

탐방안내소

P
한라생태림
탐방안내소까지
도보 2~3분

정상 뷰 ★★　　　　　　T 포인트 숲 산책　　　　　　난이도 하

탐방로 정비 잘됨　　　　**추천** 5월~10월　　　　　**특이점** 한남시험림, 사전예약

동행 함께　　　　　　　**비추천** 11월~4월　　　　**함께 T** 사려니오름, 이승이오름

Trekking Tip

🏔 **정상 코스, 정상+분화구 둘레길 코스**

(A 한남시험림 입구, B 넙거리오름 입구, C 정상, 둘레길 갈림길, D 정상 전망대, E 분화구 둘레 갈림길, F 넙거리 오름 출구)

1. 정상 코스 A→B→C→D→C→조록나무 군락지→E→F→A, 30~40분

2. 정상+분화구 둘레길 코스 A→B→C→D→E→조록나무 군락지→C→B→A, 40~50분

👁 사려니오름과 함께 한남시험림에서 관리하는 오름, 사전예약 후 탐방(인터넷 선착순, 숲나들 e웹사이트→숲길→한남시험림탐방 선택하여 예약, 매년 5월 16일경~10월 31일 / 1일 300명 이내) 한남시험림 탐방 코스는 A구간(1.7km, 40분), B구간(2.3km, 60분), C구간(3km, 80분)으로 운영, 숲해설은 A~B구간(한남시험림 입구→삼나무전시림 입구)만 가능, 숲해설 듣지 않고 자유롭게 탐방 가능. 사려니오름과 함께 한남시험림의 모든 코스를 트레킹하면 좋음(반려동물 출입금지)

★ 수형이 아름다운 조록나무 군락지

🕘 오전 9시~오후 5시(오후 5시 전까지 하산 완료), 매주 월, 화요일은 휴무

👜 운동화, 식수, 간식

🍸 탐방안내소, 화장실

How to Go

📍 서귀포시 남원읍 한남리 산 2-1

🚗 내비게이션 '한남시험림 탐방안내소' or '한남시험림 탐방안내소 주차장'

제주시 버스터미널에서 36.9km, 50분~1시간 / 서귀포 버스터미널에서 24km, 40분
한남시험림 탐방안내소 주차장 이용(무료) → 탐방안내소 입구까지 200m, 도보 2~3분

🚌 인근 버스정류장 없음

대수산봉

큰물뫼 표고 137.3m **비고** 97m

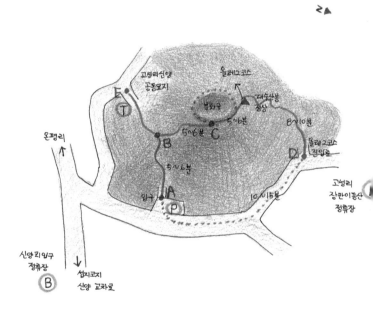

정상 뷰 ★★★★　　　　　**T 포인트** 전망, 숲 산책　　　　**난이도** 하
탐방로 정비 잘됨　　　　　**추천** 사계절(s겨울)　　　　　**특이점** 올레2코스
동행 함께　　　　　　　　**비추천** 비 오는 날　　　　　　**함께 T** 성산일출봉, 대왕산

Trekking Tip

🥾 **정상 코스, 정상+숲길 코스**

　(A 대수산봉 입구, B 묘지 갈림길, C 분화구 둘레 갈림길, D 올레2코스 진입로, E 묘지 입구)

　1. 정상 코스 A→B→C→정상→C→B→A, 30~40분

　2. 정상+숲길 코스 A→B→C→정상→D→A, 40~50분

👁 분화구 둘레길은 4~5분이면 탐방이 가능하므로 한바퀴 돌아보면 좋음. 자가용을 이용하면
　1번 코스, 버스를 이용하면 2번 코스가 편리함. D에서 A로 도보 이동할 때 여성 혼자라면 진
　우파크빌 방향 선택, 아스팔트 도로 이용하기

★ 정상에서 바라보는 우도와 성산일출봉

🕐 시간 제한 없음

💼 운동화, 식수

🍸 묘지 쪽 입구 화장실

How to Go

📍 서귀포시 성산읍 고성리 2039-1

🚗 **내비게이션 '대수산봉 주차장'**

　제주시 버스터미널에서 44.6km, 1시간 / 서귀포 버스터미널에서 49km, 1시간 15분 소요
　대수산봉 주차장 이용(무료)
　부득이하게 정상 부근까지 차로 올라갈 경우 → E지점으로 진입 → B 를 C로 이동, C부근 공
　터에 주차(오르막 도로 폭 좁고, 주차 공간 협소)

🚐 **고성리 장만이동산 정류장 or 신양리입구 정류장**

　고성리 장만이동산 정류장(211번, 212번) 하차 → 100m 직진 우회전 → 올레2코스 따라 D지
　점까지 520m, 7~8분
　신양리입구 정류장(201번, 722-1번, 722-2번) 하차 → A지점까지 800m, 8~10분

두산봉

말미오름 표고 126.5m **비고** 101m

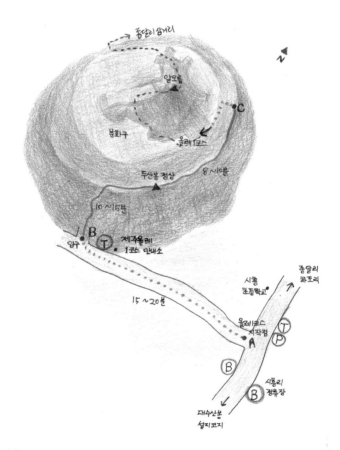

종달리 삼거리

알오름

C

분화구

올레1코스

두산봉 정상

8시0분

10시15분

B

암구

T

제주올레
1코스 안내소

15~20분

시흥
초등학교

종달리
화조리

올레1코스
시작점

A

T

P

B

시흥리
정류장

B

대수산봉
섭지코지

정상 뷰 ★★★★　　　　**T 포인트** 전망, 일출　　　　**난이도** 하

탐방로 정비 잘됨　　　　**추천** 9월~5월　　　　**특이점** 알오름, 올레코스

동행 함께　　　　**비추천** 여름, 비 오는 날　　　　**함께 T** 지미봉, 대수산봉

Trekking Tip

🏔 **정상 코스, 정상+분화구 알오름 코스**

(A 올레코스 시작 지점, B 두산봉 입구, C 분화구 출입로)

1. 정상 코스 A→B→정상→C→정상→B→A, 1시간

2. 정상+분화구 알오름 코스 A→B→정상→C→알오름 정상→C→두산봉 정상→B→A,

1시간 40분

👁 B지점에 주차하고 두산봉 입구에서 정상까지 다녀올 경우 20~30분 소요

두산봉은 독특한 외형을 간직한 오름으로, 올레코스 농로를 따라 걸으며 두산봉을 조망해보
면 웅장한 화산체의 매력을 느낄 수 있음. 자가용을 이용하면 1번 코스, 버스를 이용하면 2번
코스가 좋고, 알오름 정상에서 올레코스를 따라 종달리 방향으로 연이어 트레킹해도 좋음

⭐ 두산봉의 기암절벽, 알오름 정상의 전망

🕐 시간 제한 없음

👜 운동화, 식수, 모자, 자외선 차단제

🍸 화장실, 제주올레1코스 안내소

How to Go

📍 서귀포시 성산읍 시흥리 2661 알오름 : 제주시 구좌읍 종달리 산 13-1

🚗 내비게이션 '제주올레코스 공식안내소'

제주시 버스터미널에서 43.6km, 1시간 10분 / 서귀포 버스터미널에서 54.7km, 1시간 30분
올레코스 안내소 앞에 주차하거나 100m 직진, 두산봉 입구 공터 주차
시흥초등학교 올레1코스 시작점부터 트레킹할 경우, A지점 주차장 이용(무료) → 오름 입구까
지 1.1km, 15~20분 올레길 따라 이동

🚌 시흥리 정류장

시흥리 정류장(201번)에서 하차 → 두산봉 입구까지 1.3km, 15~20분

서우봉

서모오름 표고 111.3m **비고** 106m

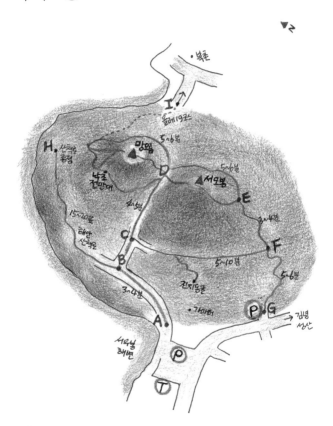

정상 뷰 ★★   **T 포인트** 해안 산책로, 노을   **난이도** 하

탐방로 정비 잘됨   **추천** 사계절(s봄)   **특이점** 함덕해변, 올레19코스

동행 혼자   **비추천** 비 오는 날   **함께 T** 원당봉, 둔지오름

Trekking Tip

🔻 **망오름 코스, 서우봉 코스, 서우봉 전체 탐방로 코스, 해안 산책로 코스**

(A 서우봉 입구, B 해안 산책로 갈림길, C 서모봉 둘레길 갈림길, D 망오름과 서모봉 다섯 갈래 갈림길, E 서모봉 정상 갈림길, F 서모봉 둘레길, 주차장 갈림길, G 서모봉 입구, H 해안 산책로 종점, I 북촌 방향 망오름 입구)

1. 망오름 코스 A→B→C→D→망오름 정상→낙조전망대→D→C→B→A, 30~40분

2. 서모봉 코스 G→F→E→서모봉 정상→D→C→F→G, 30~40분

3. 서우봉 전체 탐방로 코스 A→B→C→D→낙조전망대→D→E→F→C→B→A, 1시간

4. 해안 산책로 코스 A→B→H→B→A, 35~45분

👁 정상부 숲길은 울창하여 산책하기 좋고, 해안 산책로는 함덕해변을 조망해볼 수 있어 좋음
해안 산책로는 연중 혼잡하지만, 서모봉과 망오름 숲길 산책로는 한적함

★ 해안 산책로에서 바라보는 저녁 노을

🕐 시간 제한 없음

💼 운동화, 식수, 모자, 자외선 차단제

🍸 화장실, 함덕서우봉 해변 근처 편의시설 이용

How to Go

📍 제주시 조천읍 함덕리 169-1

🚗 내비게이션 '서우봉 주차장'

제주시 버스터미널에서 16.7km, 30분 / 서귀포 버스터미널에서 52.6km, 1시간 20분
서우봉 주차장 이용(무료), A지점 주차장 만차 시 260m 거리의 G지점 주차장 이용(무료/전기차 충전소 있음)

🚌 함덕환승정류장(함덕해수욕장)

함덕환승정류장(101번, 201번, 300번, 311번, 312번, 325번, 341번, 342번, 705번) 하차 → 길 건너 함덕해수욕장 주차장을 지나 서우봉 입구까지 약 900m, 도보 10~15분

사라봉

사라오름 **표고** 148.2m **비고** 98m

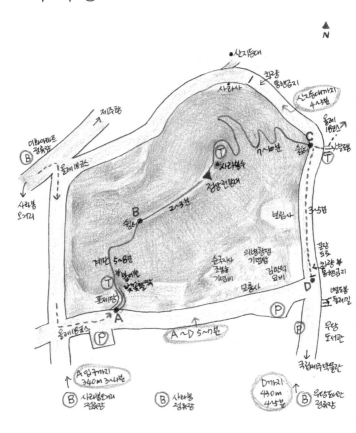

정상 뷰 ★★★ **T 포인트** 공원산책, 노을 **난이도** 하

탐방로 매우 정비 잘됨 **추천** 사계절(s3월말) **특이점** 도심공원, 올레18코스

동행 혼자 **비추천** 한여름, 장마철 **함께 T** 별도봉, 원당봉

Trekking Tip

🏔 **정상 코스, 정상+산지등대 코스**

   (A 사라봉 입구, B 정상 능선 쉼터, C 사라봉,별도봉,산지등대 갈림길, D 우당도서관 방향 사라봉, 별도봉 입구)

   1. 정상 코스 A→B→정상 전망대→B→A, 20~30분

   2. 정상+산지등대 코스 A→B→정상 전망대→C→산지등대→C→D→A, 40~50분

👁 제주 도심에 위치하여 인근 주민들이 즐겨 찾는 공원으로, 정상부에 체력단련시설물이 있고, 연중 방문객이 많음. A~정상 구간은 계단, C~정상 구간은 계단 없는 길로, 계단이 불편하면 D→C→정상으로 오르면 좋음. 숲이 울창하여 전망이 다소 아쉽지만, 정상 전망대와 산지등대 전망대에서 제주 도심을 볼 수 있음

★ 산지등대의 제주도심 뷰

🕐 시간 제한 없음, 가로등 점등하여 야간 탐방 가능

👜 편안한 차림, 여름철에는 모기 기피제 필수

🍸 화장실, C구역 음료자판기, 오름 진입로 주변 편의시설 이용

How to Go

📍 **제주시 건입동 387-1**

🚗 **내비게이션 '사라봉입구 공영주차장'**

   제주시 버스터미널에서 4.2km, 10분 / 서귀포 버스터미널에서 51km, 1시간

   사라봉입구 공영주차장 이용(무료)

🚌 **사라봉오거리 정류장, 사라봉 정류장, 우당도서관 정류장, 이화아파트 정류장**

   사라봉 주변을 지나는 버스가 많으므로, 이용하기 편리한 정류장에서 하차하여 사라봉으로 이동 → 인근 버스정류장에서 사라봉 입구까지 도보 5~6분 거리

안세미오름

명도오름 표고 396.4m **비고** 91m

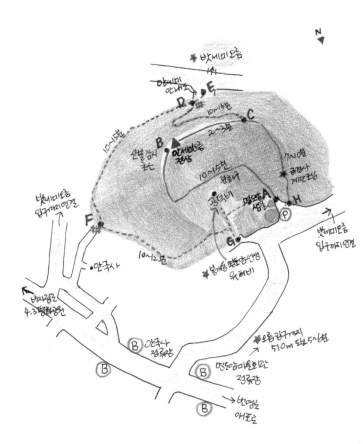

정상 뷰 ★★★★	**T 포인트** 전망, 둘레길	**난이도** 하
탐방로 정비 잘됨	**추천** 9월~5월	**특이점** 달래 채취 금지
동행 혼자	**비추천** 한낮, 비 오는 날	**함께 T** 거친오름, 절물오름

Trekking Tip

🏔 **정상 코스, 정상+둘레길 코스**

(A 명도암샘, 오름 입구, B 정상 산불감시초소, C 정상 갈림길, D 둘레길 입구, E 밧세미 방향 오름 출입로, F 안국사 방향 오름 출입로, G 공덕비 방향 출입로, H 계단 출입로)

1. 정상 코스 A→B→C→H, 20~30분

2. 정상+둘레길 코스 A→B→C→D→F→G, 50~60분

👁 탐방로 곳곳에 달래 채취 금지 안내문이 붙어 있음. 전망이 시원하고 낮은 오름이라 일몰 무렵에 올라도 좋음. C~H구간은 경사가 심하고 비좁은 계단길이라 각별히 조심. 계단이 싫으면 B~A구간으로 내려오거나 뒤편 둘레길로 내려와도 좋음. 둘레길은 완만하고 자연 그대로의 흙길이라 걷기 편안함. 밧세미오름은 탐방로가 정비되어 있지 않고 경사가 매우 심하고 전망이 좋지 않음

⭐ 명도암샘(조리세미), 명도암 선생 유허비 히스토리

🕐 시간 제한 없음

👜 운동화, 식수, 모자

🍸 없음

How to Go

📍 제주시 봉개동 산 2

🚗 내비게이션 '안세미오름' or '봉개동명도암선생 유허비'

제주시 버스터미널에서 11.8km, 20~30분 / 서귀포 버스터미널에서 38.8km, 1시간
오름 입구 주변 공터에 주차

🚌 **명도암 마을회관 정류장 or 안국사 정류장**

명도암 마을회관 정류장(43-1번, 43-2번) 하차 → A지점까지 510m, 도보 5~6분
안국사 정류장(43-1번, 43-2번) 하차 → F지점까지 330m, 도보 4~5분
명도암 마을회관 정류장과 안국사 정류장 거리는 200m, 도보 2~3

별도봉

베리오름 표고 136m 비고 101m

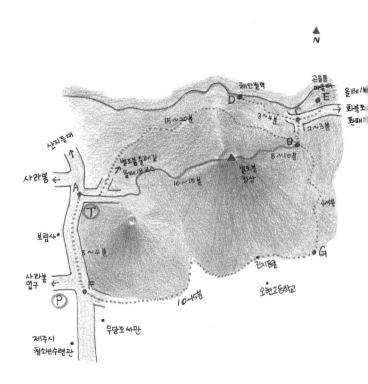

정상 뷰 ★★★★	T 포인트 해안 산책, 전망	난이도 중
탐방로 정비 잘됨	추천 사계절	특이점 해안절벽, 올레18코스
동행 함께	비추천 비 오는 날	함께 T 사라봉, 원당봉

Trekking Tip

🏔 **정상 코스, 정상+둘레길 코스, 둘레길+해안 산책 코스**

(A 별도봉,사라봉,산지등대 갈림길, B 정상 탐방로, 둘레 갈림길, C 해안 산책로 갈림길, D 해안 절벽, E 곤을동 마을터, F 우당도서관 옆 둘레길 입구, G 오현고등학교 방향 출입로)

1. 정상 코스 A→별도봉 정상→A, 20~30분

2. 정상+둘레길 코스 A→별도봉 정상→B→A, 35~45분

3. 둘레길+해안 산책 코스 F→G→B→C→D→C→E→C→B→A→F, 50분~1시간

👁 정상과 둘레길 모두 전망 좋음. B~정상 구간은 경사가 심한 계단이므로 정상 오를 때는 완만한 A~정상 구간이 좋고, 오르막이 부담스러우면 둘레길만 걸어도 좋음

C지점에서 곤을동 마을터로 이어졌던 올레18코스는 곤을동 마을터의 낙석 위험으로, 별도봉 둘레길에서 내려와 곧장 오른쪽으로 이어짐. 해안절벽과 곤을동 마을터에 들를 때는 낙석 위험이 있으니 각별히 주의 요망

⭐ 애기 업은 돌과 해안절벽, 곤을동 마을터

🕐 오후엔 둘레길이 몹시 혼잡하니 오전 일찍 또는 해질 무렵 이용

👜 운동화, 식수, 모자, 자외선 차단제

🍸 화장실, A지점 음료자판기, 인근 편의시설 이용

How to Go

📍 제주시 화북동 4472번지 일대

🚗 내비게이션 '우당도서관'

제주시 버스터미널에서 4.2km, 12분 / 서귀포 버스터미널에서 51km, 1시간 10분

우당도서관 입구 도로변 주차공간 이용(무료) → F지점까지 100m, 1~2분

🚌 **우당도서관 정류장 or 국립제주박물관 정류장 or 사라봉 정류장**

국립제주박물관, 우당도서관 주변을 지나는 버스가 많으므로, 이용하기 편리한 정류장에서 하차하여 별도봉 입구로 이동 → 인근 버스정류장에서 별도봉까지 도보 10분 거리

원당봉

원당오름 표고 170.7m **비고** 120m

정상 뷰 ★★	**T 포인트** 둘레길 전망, 숲 산책	**난이도** 중
탐방로 정비 잘됨	**추천** 사계절	**특이점** 분화구 연못, 사찰
동행 혼자	**비추천** 비 오는 날	**함께 T** 별도봉, 서우봉

Trekking Tip

🏔 **정상 코스, 둘레길 코스, 오층석탑 코스**

(A 불탑사, 문강사 갈림길, B 원당봉 둘레길 좌우 진입로, C 문강사, 정상 탐방로 입구, D 불탑사 오층석탑)

1. 정상 코스 A→B→C→정상 탐방로 한바퀴→C, 20~30분

2. 둘레길 코스 A→B→둘레길 한바퀴→B→A, 30~50분

3. 오층석탑 코스 A→D→A, 10~15분

👁 삼양검은모래해변 뒤편에 자리잡은 원당봉은 일곱 봉우리(원당봉, 앞오름, 망오름, 펜안오름, 도산오름, 동부나기, 서부나기)와 분화구 연못, 문강사를 품고 있는 독특한 오름으로, 울창한 나무들 사이로 보이는 주변 풍광이 멋지고, 둘레길 전망대에서 보는 노을이 아름다움. 정상 및 둘레길 탐방로의 경사도가 제법 있는 편이라 오르고 내려올 때 주의하기

★ 분화구 연못(연꽃 필 무렵), 둘레길 전망대(노을)

🕐 시간 제한 없음

🧳 트레킹화, 식수, 모기 기피제(여름)

🍸 문강사 화장실

How to Go

📍 **제주시 삼양일동 산 1-1**

🚗 **내비게이션 '원당봉'**

제주시 버스터미널에서 9.1km, 30분 / 서귀포 버스터미널에서 49.3km, 1시간 20분

C지점 문강사 주차장 이용(무료)

B지점 원당봉 둘레길을 이용하려면 A~B구간 갓길 공터에 주차

🚌 **삼양종점 정류장**

삼양종점 정류장(331번, 332번, 316번) 하차 → 원당봉(문강사) 입구까지 약 700m, 도보 10분

거친오름 봉개동

표고 618.5m **비고** 154m

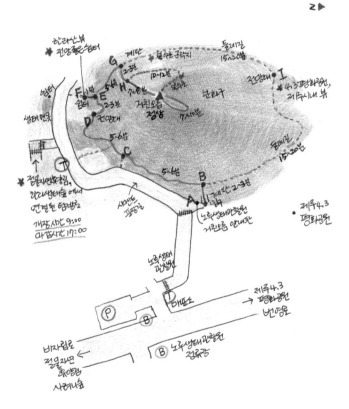

정상 뷰 ★★★★	**T 포인트** 전망, 노루	**난이도** 중
탐방로 정비 잘됨	**추천** 9월~6월(s3월)	**특이점** 노루생태관찰원, 유료입장
동행 혼자	**비추천** 비 오는 날	**함께 T** 민오름(봉개동), 절물오름

Trekking Tip

🏔 **정상 코스, 정상+둘레길 코스**

(A 오름 입구, B 둘레길 갈림길, C 둘레길, 포장도로 출입로 갈림길, D 한라산 방향 전망대, E 생태연못 출입로 갈림길, F 전망 좋은 쉼터, G 둘레길, 정상 탐방로 갈림길, H 정상 능선 갈림길, I 둘레길 전망대)

1. 정상 코스 A→B→C→D→E→F→E→G→H→정상→H→G→E→F→A,
1시간~1시간 20분

2. 정상+둘레길 코스 A→B→C→D→E→F→E→G→H→정상→H→G→I→B→A,
1시간 20분~1시간 40분

👁 장시간 트레킹을 원하면 한라생태숲에서 출발, 숫모르숲길(왕복 6시간 / 무료입장)을 통해 거친오름으로 진입해도 좋음. 거친오름 정상은 전망이 좋으나, 7~8분이면 돌아서 제자리로 올 수 있는 정상 능선 순환 탐방로는 전망이 좋지 않음

★ 한라산 뷰가 좋은 정자 쉼터, 2~3월의 복수초 군락

🕐 09:00~18:00(동절기는~17:00까지)

👜 운동화, 식수, 간식, 모자, 자외선 차단제

🍸 화장실, 관리사무소

How to Go

📍 **제주시 봉개동 산 66 일대**

🚗 **내비게이션 '노루생태관찰원 주차장'**
제주시 버스터미널에서 14.9km, 30분 / 서귀포 버스터미널에서 35km, 55분
노루생태관찰원 주차장 이용(무료)

🚌 **노루생태관찰원 정류장**
노루생태관찰원 정류장(43-1번, 43-2번) 하차 → 매표소 입장권 구매 → 노루생태관찰원 출입문을 통과하여 A지점 거친오름 입구까지 290m, 도보 3~4분

절물오름

큰대나오름 표고 696.9m **비고** 147m

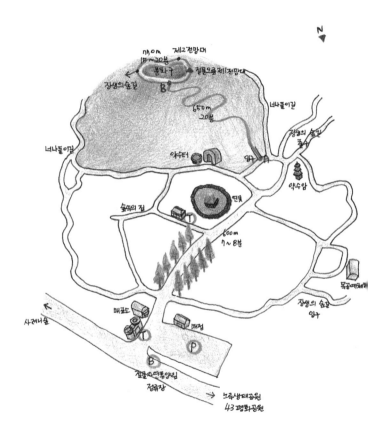

정상 뷰 ★★★★★	T 포인트 전망, 숲 산책	난이도 중
탐방로 정비 잘됨	추천 9월~5월	특이점 절물자연휴양림, 유료입장
동행 혼자	비추천 비 오는 날	함께 T 민오름(봉개동), 거친오름

Trekking Tip

🏔 **정상 코스, 오름 둘레길(너나들이길) 코스**

(A 절물오름 입구, 너나들이길 출입로, B 정상 분화구 둘레 갈림길)

1. 정상 코스 A→B(오른쪽 둘레길)→절물오름 제1전망대→제2전망대→B→A,

1시간~1시간 10분

2. 오름 둘레길(너나들이길) 코스 A(너나들이길)→너나들이길 한바퀴→매표소,

1시간 20분~1시간 40분

👁 절물자연휴양림 산책로는 연중 탐방객이 많아 혼잡하지만, 오름 입구에서 정상까지는 탐방객이 거의 없음. 오름 밑자락 둘레길인 너나들이길 탐방로는 휠체어도 통행이 가능하도록 계단 없는 목재로 평평하게 정비되어 있어 유아나 몸이 불편하신 분도 편안하게 걸을 수 있음

⭐ 절물오름 제1전망대에서 바라보는 분화구와 주변 풍경

🕐 오전 7시~오후 6시(동절기 11월~2월은 오후 5시까지)

🧳 운동화, 식수

🍴 화장실, 매점

How to Go

📍 제주시 봉개동 산 78-1

🚗 내비게이션 '절물자연휴양림 주차장'

제주시 버스터미널에서 20.6km, 35분 / 서귀포 버스터미널에서 34.5km, 55분

절물자연휴양림 주차장 이용(유료/ 전기차 충전소 있음) → 매표소에서 입장권 구매하고 입장

🚌 제주절물자연휴양림 정류장

제주절물자연휴양림 정류장(43-1번, 43-2번) 하차 → 매표소 입장권 구매 → 절물자연휴양림 산책로를 따라 절물오름 입구까지 600m, 도보 7~8분

바농오름

바늘오름 **표고** 552.1m **비고** 142m

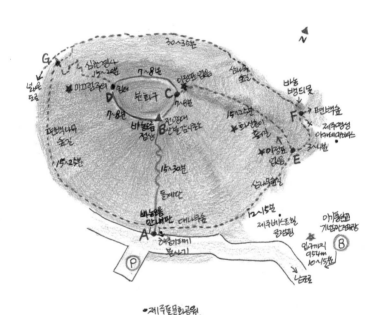

●제주돌문화공원

정상 뷰 ★★★★★	T 포인트 전망, 둘레길	난이도 중
탐방로 정비됨(일부구간 위험)	추천 9월~6월	특이점 바농뱅듸못
동행 함께	비추천 여름, 비 오는 날	함께 T 큰지그리오름

Trekking Tip

🏔 **정상+분화구 코스, 정상+둘레길 코스, 둘레길 코스**

(A 오름 입구, 둘레 숲길 갈림길, B 정상 전망대, C,D 분화구 갈림길, E 둘레길, 정상 탐방로 갈림길, F 편백숲 갈림길, G 둘레길 갈림길)

1. 정상+분화구 코스 A→B→C→D→B→A, 50분~1시간 20분

2. 정상+둘레길 코스 A→E→C→B→D→G→A, 1시간 10분~1시간 40분

3. 둘레길 코스 A→E→F→G→A, 1시간~1시간 10분

👁 정상까지 오르는 탐방로 모두 경사가 심해 오름이 쉽지 않지만, A~B구간이 정비가 잘되어 가장 안전, D~G구간은 대단히 미끄러우니 각별히 조심. E~C구간은 이정표가 없는 구간으로, 길 찾는데 불편함은 없지만 송이층이 미끄러우니 조심. 비와 눈으로 탐방로가 젖어 있을 때는 안전하지 않으니 둘레길만 이용. 둘레 갈림길 G구간에서 넓은 도로로 나가지 말고, 안쪽 편백나무 숲길을 이용하여 A지점으로 나오기

⭐ 5~6월, 쥐똥나무꽃으로 가득한 정상 분화구 둘레길

🕐 시간 제한 없지만, 탐방로가 험하여 늦은 시간은 피할 것

🧳 트레킹화, 스틱, 식수, 모자.

🍸 없음

How to Go

📍 제주시 조천읍 교래리 산 108

🚗 내비게이션 '바농오름' or '바농오름 주차장'

　제주시 버스터미널에서 17.8km, 35분 / 서귀포 버스터미널에서 40.4km, 1시간

　내비게이션이 베스트힐에서 종료되는 경우, 300m 직진하여 좌측 공터에 주차

🚌 이기풍선교기념관 정류장

　이기풍선교기념관 정류장(231번, 701-1번, 701-2번) 하차 → 바농오름 입구까지 954m, 도보 10~15분

큰지그리오름

표고 598m 비고 118m

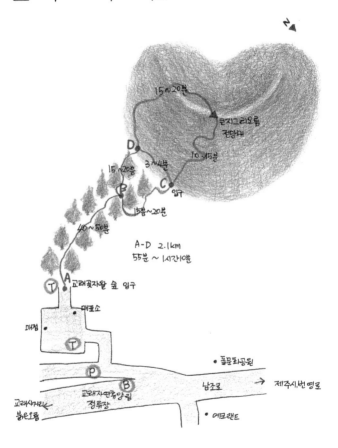

큰지그리오름 전망대

15 ~ 20분

10 ~ 15분

D

15 ~ 20분

3 ~ 4분

B

C 입구

15분 ~ 20분

40 ~ 50분

A-D 2.1km
55분 ~ 1시간10분

T A 교래곶자왈 숲 입구

매표소

매점

T

P

물문화공원

B 교래자연휴양림
   정류장

남조로

제주시, 번영로 →

교래사거리
붉은오름

에코랜드

정상 뷰 ★★★★	T 포인트 곶자왈, 전망	난이도 중
탐방로 정비 잘됨	**추천** 사계절	**특이점** 교래곶자왈, 유료 입장
동행 혼자	**비추천** 비 오는 날	**함께 T** 민오름(봉개동)

Trekking Tip

🪶 **교래곶자왈+큰지그리오름 코스**

(A 교래곶자왈 입구, B 초지 방향 갈림길, C 초지→오름 입구, D 숲길→오름 입구)

1. 12월~3월 코스 A→B→C→D→전망대→C→B→A, 2시간 30분~3시간

2. 4월~11월 코스 A→B→D→전망대→C→D→B→A, 2시간 30분~3시간

👁 교래자연휴양림 매표소에서 입장권 구매, 곶자왈을 통해 갈 수 있지만, 맞은편 민오름(봉개동) 둘레길을 통해서도 큰지그리오름으로 탐방 가능(무료)

초지를 걷는 B-C구간은 오름 전체를 조망해볼 수 있어 좋지만, 진드기와 뱀을 주의해야 하는 4월~11월에는 탐방 금지. 오름 탐방로의 난이도는 낮지만, 곶자왈은 제법 난이도가 높음. 교래곶자왈의 생태관찰로도 연이어 트레킹하면 좋음

★ 정상 전망대에서 바라보는 한라산과 주변 풍광

🕐 오전 7시~오후 4시(동절기 3시까지)

👜 트레킹화, 긴바지, 스패츠, 스틱, 진드기 기피제, 식수, 간식

🍸 화장실, 관리사무소, 매점

How to Go

📍 제주시 조천읍 교래리 산 119

🚗 **내비게이션 '교래자연휴양림 주차장'**

제주시 버스터미널에서 19.2km, 35분 / 서귀포 버스터미널에서 38.3km, 1시간

교래자연휴양림 주차장 이용(무료/ 전기차 충전소 있음)

🚌 **교래자연휴양림 정류장 or 교래사거리 정류장**

교래자연휴양림 정류장(231, 701-1, 701-2번) 하차 → 주차장까지 340m, 도보 3~4분

교래사거리 정류장(212, 222, 232, 131, 132, 112, 122번) 하차 → 주차장까지 900m, 10~15분

물찻오름

검은오름 **표고** 717.2m **비고** 167m

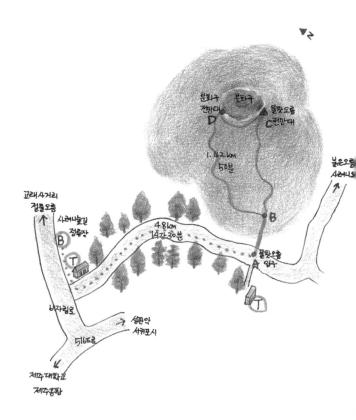

물찻오름 전망대
C

분화구 전망대
D

분화구

1.42km
5분

붉은오름
사려니슢

B

물찻오름 입구
A

교래사거리
절물오름
↑

사려니숲길
정류장
B
T

4.8km
14강30분

T

비자림로

516도로

섬판악
서귀포시
→

제주대학교
제주공항
↙

정상 뷰 ★★★	T 포인트 숲 산책, 산정호수	난이도 중
탐방로 정비 잘됨	추천 사계절	특이점 자연휴식년
동행 해설사 함께	비추천 비 오는 날	함께 T 붉은오름

Trekking Tip

🐾 **정상 전망대+산정호수 전망대 코스**

(A 물찻오름 입구, B 갈림길, C 정상 전망대, D 산정호수 전망대)

A→B→C→D→B→A, 50분~1시간

👁 물찻오름은 산정 화구호(연중 물이 고여 있음)를 가진 특별한 오름으로, 훼손이 심각하여 여러 해 동안 자연휴식년으로 출입이 제한되고 있음. 자연휴식년 기간에는 '사려니숲 에코힐링 체험' 시기에 한시적 개방하는데, 사전 예약 후 탐방 가능(해설사 동행 탐방)

물찻오름의 자연휴식년 종료 및 개방 여부는 현재 검토 중에 있으며, 차후 공지할 예정

★ 분화구 산정 호수

🕐 2024년 8월 현재 자연휴식년(별도 고시일까지)으로 출입 제한

💼 트레킹화, 식수, 스틱

🍸 화장실

How to Go

📍 제주시 조천읍 교래리 산 137-1

🚗 내비게이션 '사려니숲길 주차장(비자림로 방향)' or '사려니숲길 주차장(붉은오름 방향)'

비자림로 출입로 → 사려니숲길(봉개동/비자림로 방향) 주차장 이용(무료/전기차 충전소 있음)

제주시 버스터미널에서 20km, 35분 / 서귀포 버스터미널에서 34km, 55분

남조로 출입로 → 사려니숲길(표선면/붉은오름 방향) 주차장 이용(무료)

제주시 버스터미널에서 24km, 40분 / 서귀포 버스터미널에서 40km, 1시간

남조로 방향 주차장에서는 사려니숲길로 곧장 진입 가능, 비자림로 방향 주차장에서는 1시간 정도 걸어야 사려니숲길로 진입 가능

🚌 사려니숲길 정류장 or 남조로 사려니숲길 정류장

비자림로 사려니숲길 정류장(212, 232번) 하차 → 물찻오름 입구까지 4.8km,

도보 1시간 30분~2시간

남조로 사려니숲길 정류장(131, 132, 231, 232번) 하차 → 물찻오름 입구까지 5.2km,

도보 1시간 30분~2시간

붉은오름

표고 569m **비고** 129m

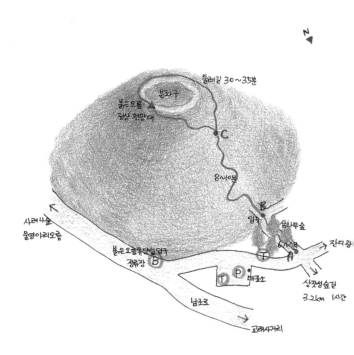

N

둘레길 30~35분

분화구

붉은오름
정상 전망대

C

8시0분

B

임무

삼나무숲

잔디광

사려니숲
물영아리오름

붉은오름휴양림입구
정류장 B

6시0분

매표소

삼짓성숲길
3.2km 1시간

남조로

고래사거리

정상 뷰 ★★★★　　　　**T 포인트** 숲 산책, 전망　　　　**난이도** 중

탐방로 정비 잘됨　　　　**추천** 사계절　　　　**특이점** 자연휴양림, 유료입장

동행 혼자　　　　**비추천** 비 오는 날　　　　**함께 T** 말찻오름, 물영아리오름

Trekking Tip

🏔 **정상 코스, 정상+분화구 둘레길 코스**

(A 삼나무숲 입구, B 붉은오름 입구, 상잣성 숲길 갈림길, C 정상 둘레 갈림길)

1. 정상 코스 A→B→C(왼쪽 탐방로)→정상 전망대→C→B→A, 40~50분

2. 정상+분화구 둘레길 코스 A→B→C→정상 전망대→둘레길 한바퀴→C→B→A, 1시간~1시간 20분

👁 자연휴양림에서 관리하는 오름으로 기상 상황에 따라 탐방 제한. 붉은오름 밑자락은 삼나무가 조림되어 사계절 푸르지만, 상층부로 오를수록 자연림을 이루고 있어 계절의 변화가 뚜렷하고, 숲의 정취를 만끽하기 좋다. 자연휴양림의 여러 숲길(상잣성 숲길 1시간, 해맞이 숲길과 말찻오름 2시간, 무장애 나눔숲길 30분)을 연이어 트레킹해도 좋음

★ 사계절 다채롭고 울창한 숲길

🕐 오전 8시~오후 6시(입장 마감:3월~10월 17:00 / 11월~2월 16:30)

👜 트레킹화, 식수

🍸 화장실, 휴양림 입구 쉼터

How to Go

📍 서귀포시 표선면 가시리 산 158

🚗 내비게이션 '붉은오름자연휴양림'

제주시 버스터미널에서 23.5km, 35분 / 서귀포 버스터미널에서 40km, 1시간

붉은오름자연휴양림 주차장 이용(유료/ 전기차 충전소 있음)

🚌 **붉은오름 휴양림입구 정류장**

붉은오름 휴양림 입구 정류장(231, 232번) 하차 → 휴양림 매표소까지 약 350m, 도보 4~5분 → 입장권 구매 → 휴양림 산책로를 통해 오름 입구로 이동

물영아리오름

수영악 표고 508m **비고** 128m

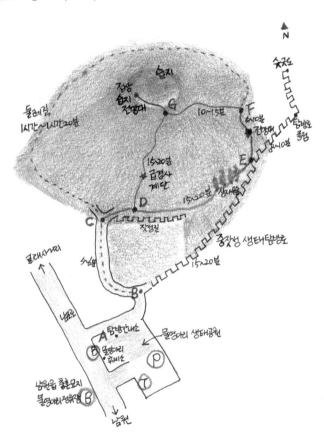

N

숫꾸모

습지

잔성
습지
전망대

G

10~15분

F

둘레길
1시간~1시간20분

5시10분

달바로
종점

전망대

E

5시10분

1520분
금경사
계단

1520분 생태숲

D

중장성 생태탐방로

C

잔성길

5시10분

B

15분20분

콜래사거리

남원

탐방안내소

A

물영아리 생태공원

D

물영아리
휴게소

P

T

남원읍 충효묘지
물영아리전유림

B

남원

정상 뷰 ★　　　　　　　　T 포인트 습지, 숲 산책　　　난이도 중

탐방로 정비 잘됨　　　　　추천 사계절(b비 오는 날)　　　특이점 람사르습지

동행 혼자　　　　　　　　비추천 폭우 내리는 날　　　　함께 T 붉은오름, 여절악

Trekking Tip

🐾 **정상 습지+둘레길 코스, 둘레길 코스, 중잣성 생태탐방로 코스**

　　(A 물영아리 탐방안내소, B 중잣성 생태탐방로 갈림길, C 오름 둘레 갈림길, D 정상 습지 탐방로 입구, E 둘레길과 생태탐방로 교차 지점, F 정상 습지 탐방로 입구, G 정상 갈림길)

　　1. 정상 습지+둘레길 코스 A→B→C→D→E→F→G→습지 전망대→G→D→C→B→A, 1시간~1시간 20분

　　2. 둘레길 코스 A→B→C→D→E→F→둘레길 한바퀴→C→B→A, 1시간 20분~1시간 50분

　　3. 중잣성 생태탐방로 코스 A→B→E→생태탐방로 종점→E→D→C→B→A, 50분~1시간

👁 습지 해설 듣기 원하면 탐방안내소에 문의(해설사 동행 설명 가능)

　　폭우 내리는 날에는 탐방로 일부 구간이 잠길 수 있어 탐방 금지, D~G구간은 전망 제로인 급경사 계단이기 때문에 오름보다는 내려올 때 선택하고, 둘레길을 돌아 F지점에서 습지로 오르는 길이 완만해서 좋음

★ 비 오는 날의 삼나무숲과 습지 풍경

🕐 시간 제한 없음, 탐방안내소는 오전 9시~오후 6시 오픈

💼 트레킹화, 식수, 간식

🍸 탐방안내소, 화장실

How to Go

📍 서귀포시 남원읍 수망리 산 188

🚗 내비게이션 '물영아리오름' or '물영아리주차장 전기차충전소'

　　제주시 버스터미널에서 28.2km, 45분 / 서귀포 버스터미널에서 28.1km, 45분

　　물영아리생태공원 주차장 이용(무료 / 전기차 충전소 있음)

🚌 **남원읍충혼묘지, 물영아리 정류장**

　　남원읍충혼묘지, 물영아리 정류장(231, 232번) 하차

사려니오름

표고 523m **비고** 98m

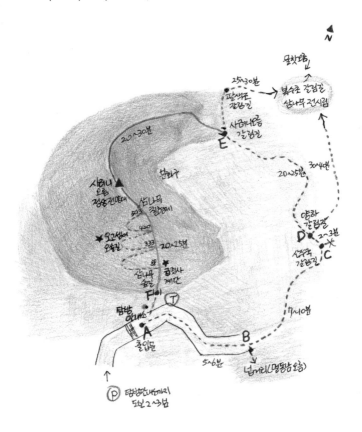

물찻오름

25~30분
팔색조
갈림길

붓순초 갈림길
삼나무 건식림

사려니오름
갈림길

E

20~30분

남라구

20~25분   30~40분

사려니
오름
정상전망대

삼나무
정관제
513

400

양하
갈림길

오고생이
오솔길

333

20~25분

D   2~3분
선주국
갈림길   C

88

삼나무
숲길

길랑사
계단

D

담방
안내소

T

A

7시간

출입문

B

5~6분

너개리(명팡함오름)

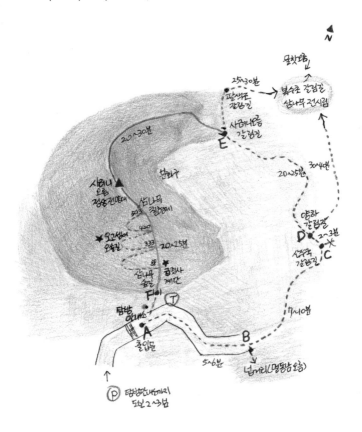
탐방안내까지
도보2~3분

정상 뷰 ★★★	T 포인트 숲 산책	난이도 중
탐방로 정비 잘됨	추천 5월~10월	특이점 한남시험림, 사전예약
동행 함께	비추천 11월~4월	함께 T 넙거리오름

Trekking Tip

🔺 **정상 코스, 정상+한남시험림(일부 구간) 탐방 코스**

(A 한남시험림 입구, B 넙거리(멀동남오름) 입구 갈림길, C 산수국 갈림길, D 양하 갈림길, E 사려니오름 갈림길, F 사려니오름 입구)

1. 정상 코스 A→F→사려니오름 정상→F→A, 40~50분

2. 정상+한남시험림(일부 구간) 탐방 코스 A→B→C→D→E→사려니오름 정상→F→A, 1시간 10분~1시간 30분

👁 한남시험림에서 관리하는 오름으로 사전예약 후 탐방(인터넷 선착순, 숲나들e 웹사이트→숲길→한남시험림탐방 선택하여 예약, 매년 5월 16일경~10월 31일 / 1일 300명 이내) 한남시험림 탐방 코스는 A구간(1.7km, 40분), B구간(2.3km, 60분), C구간(3km, 80분)으로 운영, 숲해설은 A~B구간(한남시험림 입구→삼나무전시림 입구 / 오전 9시, 오후 1시)만 가능, 숲해설을 듣지 않고 자유롭게 탐방 가능. 사려니오름 F~정상 구간은 급경사 계단이므로, 오고 셍이 오솔길을 이용하는 것이 좋고, 한남시험림 일부 구간에 멧돼지와 들개 등 야생동물이 출몰할 수 있으니 주의하기

★ 정상 전망대~E구간 능선의 원시림

🕐 오전 9시~오후 5시(오후 5시 전까지 하산 완료), 매주 월, 화요일은 휴무

💼 운동화, 식수, 간식

🍸 탐방안내소, 화장실

How to Go

📍 서귀포시 남원읍 한남리 산 2-1

🚗 내비게이션 '한남시험림 탐방안내소' or '한남시험림 탐방안내소 주차장'

제주시 버스터미널에서 36.9km, 50분~1시간 / 서귀포 버스터미널에서 24km, 40분

한남시험림 탐방안내소 주차장 이용(무료) → 탐방안내소 입구까지 200m, 도보 2~3분

🚌 인근 버스정류장 없음

이승이오름

이승악 표고 539m　**비고** 114m

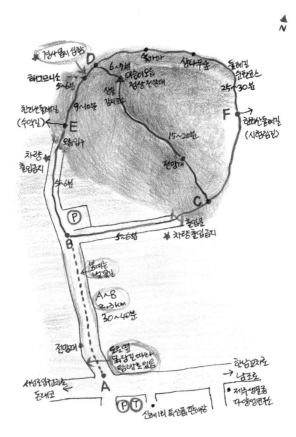

정상 뷰 ★★★★	**T 포인트** 숲 산책	**난이도** 중
탐방로 정비 잘됨	**추천** 사계절(s3월말,11월)	**특이점** 한라산둘레길(수악길, 시험림길)
동행 함께	**비추천** 폭우 내리는 날	**함께 T** 수악, 사려니오름

Trekking Tip

🏔 **목장 탐방 코스, 정상 코스, 둘레길 코스, 정상+둘레길 코스**

(A 목장 탐방로 입구, B 이승이오름 입구 주차장, C, D 둘레길에서 정상 탐방로 오르는 갈림길,
E 한라산둘레길(수악길) 갈림길, F 한라산둘레길(시험림길) 갈림길)

1. 목장 탐방 코스 A→B, 2.3km, 30~40분

2. 정상 코스 B→C→정상 전망대→D→E→B, 40~50분

3. 둘레길 코스 B→E→D→F→C→B, 40~50분

4. 정상+둘레길 코스 B→E→D→F→C→정상 전망대→D→E→B, 1시간 10분~1시간 30분

👁 갈림길이 워낙 많아 길을 잃을 수 있으므로 현위치 이정표를 확인하고, 정해진 탐방로만 이용
하기. 비가 많이 오는 날에는 계곡물이 범람할 수 있으니 주의. 둘레길은 야생동물 및 멧돼지
가 출몰할 수도 있으니 반드시 함께 트레킹

★ 다양한 수종의 나무들과 화산탄이 어우러진 아름다운 숲길, 시험림길의 삼나무숲

🕐 시간 제한은 없으나, 숲이 울창하여 오후 늦은 시간은 피할 것

💼 트레킹화, 스틱, 식수, 간식

🍸 화장실, A지점 편의 시설 이용

How to Go

📍 서귀포시 남원읍 신례리 산 2-4

🚗 내비게이션 '이승이오름' or '이승이오름 주차장'

제주시 버스터미널에서 36.5km, 55분 / 서귀포 버스터미널에서 20.4km, 40분
이승이오름 입구 주변 공터에 주차

🚌 가까운 정류장이 없어서 버스 이용은 불편

휴애리 자연생활공원 정류장(623, 624번) 하차 → 이승악탐방휴게소 A지점까지 1.3km,
15~20분(도로 갓길 이동, 인도 없으므로 차량 주의) → A지점에서 목장길을 따라 B지점까지
2.3km, 도보 30~40분(그늘이 없고 풀이 무성하여 여름철에는 비추천)

수악

물오름 표고 474.3m 비고 149m

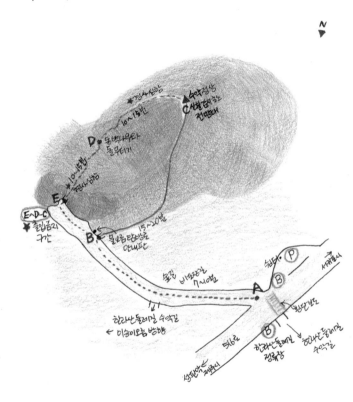

정상 뷰 ★★★★　　　　　**T 포인트** 전망　　　　　**난이도** 중

탐방로 정비 잘됨　　　　　**추천** 사계절(s11월)　　　　　**특이점** 한라산둘레길(수악길)

동행 함께　　　　　**비추천** 비 오는 날　　　　　**함께 T** 이승이오름, 솔오름

Trekking Tip

🏔 **정상 코스**

　　(A 한라산둘레길 수악 진입로, B 수악 탐방로 입구, C 정상 전망대, D 수악 밑자락 숲길(동백
　　나무와 돌무더기 지점), E 수악 밑자락 숲길 진입로)

　　A→B→C→B→A, 40~50분

👁 수악은 비고가 높은 오름이지만, 지형이 독특하여 한라산둘레길로 진입해서 정상까지는 완만
　　한 숲길로 이어져 힘들이지 않고 짧은 시간에 오를 수 있음. E~D~C구간은 매우 가파르고
　　울창한 숲길로 여러 식생의 나무들을 만날 수 있는 아름다운 숲이지만, 현재 자연생태환경 보
　　호 및 탐방객 안전을 위해 통행이 금지되고 있음. 수악은 정상 조망을 위해 오르는 오름이기
　　때문에 미세먼지가 심해 시야가 흐린 날이나 비가 오는 날은 피하기

⭐ 수악 전망대에서 바라보는 한라산과 주변 전망

🕐 시간 제한 없지만, 울창한 숲이라 늦은 시간은 피할 것

💼 트레킹화, 스틱, 식수

🍸 없음

How to Go

📍 서귀포시 남원읍 516로 1042

🚗 **내비게이션 '한라산둘레길 수악길'**

　　제주시 버스터미널에서 28.8km, 40분/ 서귀포 버스터미널에서 17.5km, 30분

　　516로 한라산둘레길 입구 주차 공간 이용 → 수악 입구까지 도보 이동

🚌 **한라산둘레길 정류장**

　　한라산둘레길 정류장(281번) 하차 → A에서 B지점까지 600m, 도보 7~10분

솔오름

미악산 표고 567.5m **비고** 113m

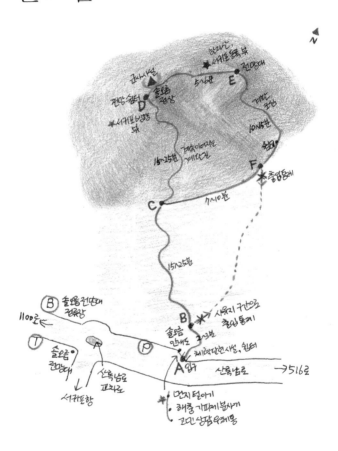

- 군사시설
- 관망쉼터 전망대
- 솔오름 정상 D
- 수산물
- 서귀포바깥길 북
- 한라가, 서귀포 동쪽 북
- 전망대 E
- 데미 구렁
- 10시 5분
- 쉼터
- 태초이야기은 데다리 15시 25분
- F 출렁동제
- 7시 0분
- C
- 15시 25분
- B 솔오름 전망대 견유밭
- 1100로
- T 솔오름 전망대
- A
- P
- 솔오름 안내도 2시 3분
- 체력단련시설, 쉼터
- 산록남로 교각로
- 서귀포항
- A 입구
- 산록남로
- 516로
- 사유지 구간으로 출입통제
- 먼지 털어내기
  - 해충 가파게부사기
  - 고인 상점 우체통

정상 뷰 ★★★★	**T 포인트** 전망, 숲 산책	**난이도** 중
탐방로 정비 잘됨	**추천** 사계절(s가을)	**특이점** 정상부 군사시설
동행 혼자	**비추천** 비 오는 날	**함께 T** 수악, 이승이오름

Trekking Tip

🏔 **정상+전망대 코스**

(A 주차장, 오름 진입로, B 사유지구간 갈림길, C 오름 입구, D 정상 쉼터, E 정상 전망대, F 둘레길 사유지구간 갈림길)

A→B→C→D→E→F→C→B→A, 1시간 10분~1시간 40분

👁 서귀포 도심에서 멀지 않고 관리가 잘 되고 있어, 연중 지역 주민들이 산책코스로 즐겨 찾는 오름. 정상 오르막 C~D, F~E 구간 모두 계단으로 오름이 쉽지 않지만, 숲길도 아름답고, 정상에서의 뷰가 좋아서 충분히 보상 받음. 정상부 군사시설은 촬영이 금지되어 있으니 주의

⭐ 전망대에서 바라보는 한라산과 서귀포 해안 풍경

🕐 시간 제한 없지만, 울창한 숲이라 늦은 시간은 피할 것

🧳 트레킹화, 스틱, 식수

🍸 화장실

How to Go

📍 **서귀포시 동홍동 2195**

🚗 **내비게이션 '솔오름 주차장'**

제주시 버스터미널에서 36.3km, 50분/ 서귀포 버스터미널에서 10.6km, 25분
솔오름 주차장 이용(무료)

🚌 **솔오름전망대 정류장**

솔오름전망대 정류장(625번) 하차 → 솔오름 입구까지 350m, 도보 3~4분

매오름,
도청오름

매오름 표고 136.7m **비고** 107m
도청오름 표고 100.5m **비고** 70m

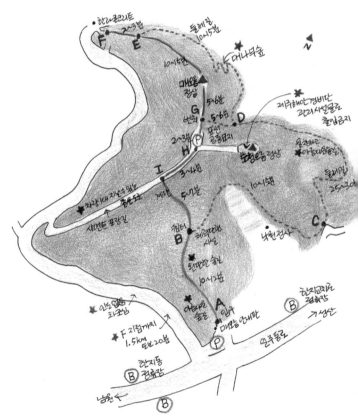

74

정상 뷰 ★★★★★   **T 포인트** 전망, 숲 산책   **난이도** 중

탐방로 정비 잘됨   **추천** 사계절   **특이점** 도청오름 정상 출입금지

동행 함께   **비추천** 비 오는 날   **함께 T** 토산봉, 달산봉

Trekking Tip

🦅 **매오름 정상 코스, 매오름+도청오름 코스**

(A 매오름 입구, B 매오름 쉼터 갈림길, C 도청오름 둘레 갈림길, D 매오름, 도청오름 갈림길, E 매오름 탐방로 갈림길, F 한라콘크리트 방향 매오름 입구, G 매오름 능선 갈림길, H 도청오름 정상 갈림길, I 매오름 능선 갈림길)

1. 매오름 정상 코스 F→E→매오름 정상→G→D→E→F, 35~45분

2. 매오름+도청오름 코스 A→B→C→D→E→매오름 정상→G→H→I→B→A, 1시간 30분 ~2시간

👁 도청오름은 매오름의 알오름으로, 정상에 군부대시설이 있어 출입 통제. 울창한 숲길이 아름다운 도청오름 둘레길은 매오름과 산책로가 연결되어 있음. 매오름은 정상 전망도 좋지만, 대나무숲과 다양한 수종의 나무들이 즐비한 둘레길 산책이 특히 좋음

★ 매오름 대나무 숲길

🕐 시간 제한 없음

🧳 트레킹화, 스틱, 식수, 간식

🍸 없음

How to Go

📍 서귀포시 표선면 세화리 산 7 매오름 / 서귀포시 표선면 표선리 산 4-1 도청오름

🚗 내비게이션 '매오름 주차장' or '매오름산책로 주차장'

제주시 버스터미널에서 42.2km, 1시간 / 서귀포 버스터미널에서 31.3km, 50분

A지점 시작 → 일주동로 방향 매오름 주차장 이용(무료)

F지점 시작 → 한라콘크리트 출입로 주변 공터 주차

H지점 시작 → 표선공동묘지 주차장 이용(비좁은 도로 주의)

🚌 한지교차로 정류장 or 한지동 정류장

한지교차로 정류장(201번) 하차 → A지점까지 200m, 도보 2~3분

한지동 정류장(201번) 하차 → A지점까지 250m, 도보 3~4분

토산봉

망오름 표고 175.4m **비고** 75m

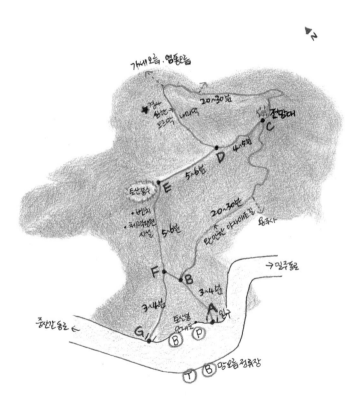

정상 뷰 ★★★★ **T 포인트** 숲 산책, 전망 **난이도** 중

탐방로 정비 잘됨 **추천** 9월~5월 **특이점** 토산 봉수대

동행 함께 **비추천** 비 오는 날 **함께 T** 매오름, 달산봉

Trekking Tip

🏔 **정상+둘레길 코스**

(A, G 토산봉 입구, B 토산봉수, 전망대 갈림길, C 정상 전망대, D 능선 갈림길, E 토산봉수터, F 출입로 갈림길)

A→B→C→D→E→F→G, 40분~1시간 20분

👁 인근 마을 주민들이 즐겨 찾는 오름으로 탐방로 숲길이 완만하고 산책하기 좋음. C지점 전망대에서 뒤편 숲길로 이어지는 밑자락 둘레길은 울창한 숲길이 아름답지만, 경사가 제법 심하고 난이도가 있으므로 가벼운 산책을 원한다면 능선 따라 곧장 D로 이동하기

⭐ 정상 전망대 뷰

🕐 시간 제한 없으나 숲이 울창하니 늦은 시간은 피할 것

🎒 트레킹화, 스틱, 식수, 모기 기피제(여름)

🍸 화장실

How to Go

📍 서귀포시 표선면 토산리 산 13

🚗 **내비게이션 '망오름 버스정류장'**

제주시 버스터미널에서 40km, 55분 / 서귀포 버스터미널에서 29.7km, 45분

버스 정류장 주변 공터에 주차

오름 입구는 울타리 좌우 끝지점에 있고, A지점은 버스 정류장에서 오른쪽으로 130m, G지점은 버스정류장에서 왼쪽으로 100m 거리에 있음

🚌 **망오름 정류장**

망오름 정류장(741-1, 741-2, 732-3번) 하차

달산봉

망오름 표교 136.5m **비고** 87m

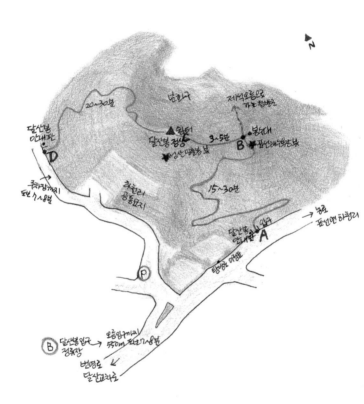

남라구

20~30분

제석오름으로 가는 정보초

달산봉 안내판 **D**

달산봉 정상 ▲ 윗터
★달산에올롱봉 북

봉수대 ●
B ★파란해언판 북

3~5분

죽차장까지 5분 7~8분

하원리 공동묘지

15~30분

★달산봉 안내판★ 입구 **A**

능라
표선면 하천리

탐방로 아넝요

P

B 달산봉입구 → 오등인구까지 정족장 550m 편로7~8분

번명로 달산교라요

78

정상 뷰 ★★★	T 포인트 숲 산책	난이도 중
탐방로 정비됨(수풀 주의)	**추천** 10월~4월	**특이점** 봉수대, 알오름
동행 함께	**비추천** 여름, 비 오는 날	**함께 T** 매오름, 독자봉

Trekking Tip

🏔 **정상+봉수대 코스**

(A 달산봉 입구, B 봉수대, 제석오름 갈림길, C 정상 쉼터, D 공동묘지 방향 출입로)
A→B→C→D, 40분~1시간

👁 봉수대에서는 표선해안 방향을, 정상 쉼터에서는 성산 방향을 조망해 볼 수 있음. 숲이 울창하여 전망은 좋지 않으나 자연 그대로의 숲길이라 고즈넉하고 걸음이 편안하여 산책하기 좋음. 달산봉의 알오름인 제석오름 탐방로는 숲이 울창하고 전망이 없어 이용하는 사람이 거의 없음. 한여름에는 탐방객이 거의 없고 수풀이 많아 모기와 뱀 조심하기

★ 분화구 방향의 원시림

🕐 시간 제한 없지만, 숲이 울창하니 늦은 시간은 피할 것

👜 트레킹화, 스패츠, 긴바지, 스틱, 모기 기피제(여름)

🍸 없음

How to Go

📍 **서귀포시 표선면 하천리 1043-2**

🚗 **내비게이션 '달산봉'**

제주시 버스터미널에서 38.3km, 55분 / 서귀포 버스터미널에서 35.7km, 55분
내비게이션 종료 지점은 하천리 공동묘지 주변이므로 약 200m 전, 넓은 공터에 주차

🚐 **달산봉 입구 정류장**

달산봉 입구 정류장(221, 222, 732-2번) 하차 → A지점까지 550m, 도보 7~8분

영주산

영모루 표고 326.4m **비고** 176m

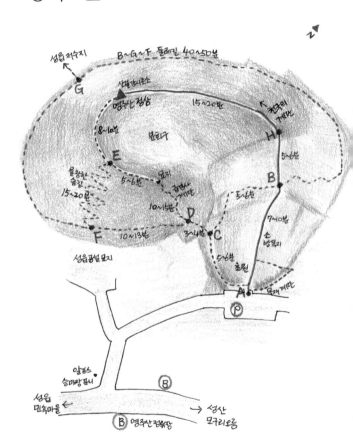

성읍저수지

B~G~F 둘레길 40~50분

G

산불감시초소
영주산 정상

15~20분

절구미 거리단

H

8~10분

분화구

5~6분

E

B

물영청한
숲길
15~20분

5~6분

묘지

공동시
거리단

5~6분

10~15분

D

7~10분

소
방죽지

F

10~13분

3~4분

C

5~6분

초원

성읍공설묘지

A

목재계단

P

성읍공설묘지

알프스
승마방풀니

B

성읍
민속마을

→ 성산
무크리오름

B 영주산 전육장

정상 뷰 ★★★★　　　　　T 포인트 전망, 천국의 계단　　난이도 중

탐방로 정비 잘됨(풀 주의)　　추천 9월~6월　　　　　　특이점 소 방목

동행 혼자　　　　　　　　　비추천 미세먼지 심한 날　　함께 T 모구리오름, 개오름

Trekking Tip ─────────────────────────────

🏔 **정상 코스, 정상+둘레길 코스, 둘레길 코스**

(A 영주산 입구, B 능선 둘레 갈림길, C 숲길 갈림길, D 정상 탐방로, 둘레길 갈림길, E 능선 숲길 갈림길, F 둘레길 갈림길, G 성읍 저수지 갈림길, H 천국의 계단 시작 지점)

1. 정상 코스 A→B→H→정상→H→B→A, 50분~1시간

2. 정상+둘레길 코스 A→B→H→정상→E→F→G→B→C→A, 1시간 40분~2시간

3. 둘레길 코스 A→B→G→F→D→C→A, 1시간~1시간 20분

👁 A지점에서 계단을 올라서면 앞쪽(초원길), 오른쪽(계단)으로 나뉘는데, 초원으로 직진하여 오르는 것이 좋음. 그늘이 없으므로 여름철 한낮 시간대는 피하고, 소를 방목하므로 주의. A-B-H-정상 구간은 전망 좋고, 탐방로도 완만하여 어린 아이도 걷기 좋지만, 반대편 E-D 구간은 숲이 울창하고, 경사가 몹시 심해 위험하므로 천국의 계단으로 내려오는 것이 좋고, E-F구간은 완만하고 걷기 좋으나 미끄러워서 스틱 필요함

★ 산수국 피는 계절(6월) 천국의 계단

🕐 시간 제한 없음

👜 운동화, 긴바지, 식수, 모자, 진드기 기피제, 자외선 차단제

🍸 없음, 성읍민속마을 편의시설 이용

How to Go ─────────────────────────────

📍 서귀포시 표선면 성읍리 산 18-1

🚗 내비게이션 '영주산 주차장'

　제주시 버스터미널에서 33.1km, 50분 / 서귀포 버스터미널에서 42.9km, 1시간 10분

　영주산 주차장 이용(무료)

🚌 영주산 정류장

　영주산 정류장(721-3번) 하차 → 알프스승마장포니를 지나 영주산 입구까지 650m,

　도보 10분

병곳오름

안좌오름 표고 288.1m 비고 113m

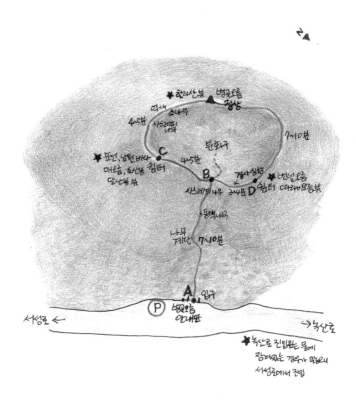

병곳오름 정상

한라산봉

억새
소나무
사스레피나무

4~5분

둔화구

7시 0분

★표선, 남원 바다
매오름, 한라봉 **C** 침터
달산병봉

4~5분

경사 심한

B
사스레피나무 3~4분 **D** 쉼터 다래바들봉

동백나무

나무
계단 7시 0분

A 입구

ⓟ 병곳오름
안내판

←서성로   녹산로→

★녹산로 진입로는 물에
잠겨있는 경우가 많으니
서성로에서 진입

82

정상 뷰 ★★★★ **T 포인트** 전망, 숲 산책 **난이도** 중

탐방로 정비됨(수풀 주의) **추천** 10월~5월 **특이점** 사스레피나무 군락

동행 함께 **비추천** 여름, 비 오는 날 **함께** T 번널오름, 여절악

Trekking Tip

🏔 **정상+분화구 둘레길 코스**

(A 오름 입구, B 분화구 둘레 갈림길, C 표선 방향 전망 쉼터, D 따라비오름 방향 전망 쉼터)
A→B→C→정상→D→B→A, 35~45분

👁 사스레피나무, 동백나무, 후박나무, 생달나무 등 사계절 푸르른 상록수가 반겨주는 탐방로는 언제 봐도 정겹고, 수풀과 억새가 마구 자라나는 자연 그대로의 능선 탐방로는 고즈넉하고 평화로움. 정상 능선은 전체가 탁 트여 있지 않고, 세 곳의 전망 쉼터를 통해 바깥 조망이 가능하고, 방향에 따라 달라지는 주변 풍광이 멋짐. A~B구간은 계단으로 이어지지만 경사가 완만하여 힘들지 않게 오를 수 있음. B지점에서 분화구 샛길을 따라 안쪽으로 들어가볼 수 있음

⭐ 정상 능선의 평화로운 풍경과 전망 쉼터에서의 뷰

🕐 시간 제한 없음

💼 운동화, 긴바지, 스패츠, 스틱, 모자, 자외선 차단제

🍸 없음

How to Go

📍 서귀포시 표선면 가시리 산 8

🚗 내비게이션 '병곳오름'

제주시 버스터미널에서 33.5km, 50분 / 서귀포 버스터미널에서 32.4km, 50분
병곳오름 입구 주변 공터에 주차

🚌 가까운 정류장이 없어서 버스 이용은 불편

안좌동 입구 정류장(732-2번) 하차 → 농원 사잇길(시멘트 포장길) 따라 A지점까지 1.6km,
도보 20분(서성로 도로 건널 때 횡단보도가 없으므로 차량 주의)

따라비오름

표고 342m **비고** 107m

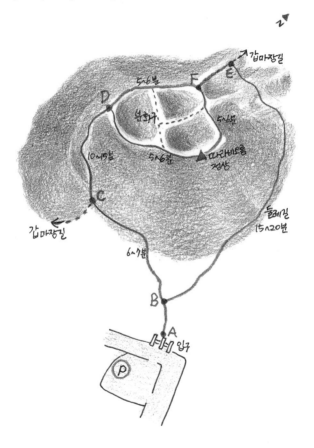

정상 뷰 ★★★★	T 포인트 전망, 노을, 억새	난이도 중
탐방로 정비 잘됨	추천 9월~5월(s10~11월)	특이점 분화구, 갑마장길
동행 혼자	비추천 여름, 비 오는 날	함께 T 큰사슴이오름

Trekking Tip

🏔 정상+분화구 둘레길 코스, 정상 능선+둘레길 코스

(A 따라비오름 출입로, B 오름 둘레길 갈림길, C 갑마장길(가시천 방향) 갈림길, D 오름 능선 갈림길, E 둘레길과 갑마장길(큰사슴이오름 방향) 갈림길, F 오름 능선, 갑마장길 갈림길)

1. 정상+분화구 둘레길 코스 A→B→C→D→정상→F→D→C→B→A, 50분~1시간 10분

2. 정상 능선+둘레길 코스 A→B→C→D→정상→F→E→둘레길 →B→A, 50분~1시간

👁 그늘이 없으므로 한낮 시간대는 피하고, 한여름만 빼면 트레킹하기 좋고, 10~11월 억새 풍경이 특히 멋짐. 능선에서 보이는 분화구 사이 탐방로를 모두 돌아봐도 좋음. 갑마장길을 통해 큰사슴이오름 방향으로 연이어 트레킹(E지점에서 갑마장길로)해도 좋고, 가시천 숲길을 따라 행기머체까지(C지점에서 갑마장길로) 트레킹해도 좋음

★ 아름다운 분화구와 억새

🕐 시간 제한 없음

💼 트레킹화, 식수, 모자, 자외선 차단제

🍸 없음, 가시리사거리 편의 시설 이용

How to Go

📍 서귀포시 표선면 가시리 산 63

🚗 내비게이션 '따라비오름 주차장'

제주시 버스터미널에서 37.9km, 1시간 / 서귀포 버스터미널에서 36.4km, 1시간

따라비오름 주차장 이용(무료)

🚌 **가까운 정류장이 없어서 버스 이용은 불편**

가시리취락구조 정류장(222, 732-1번) 하차 → 따라비오름 입구까지 2.8km, 도보 30~40분

일행이 있으면 좋지만 혼자라면 비추천(좁은 도로에 인도가 없어서 걷기 불편, 회전교차로로 건널 때 각별히 차량 주의)

큰사슴이오름

대록산 표고 474.5m 비고 125m

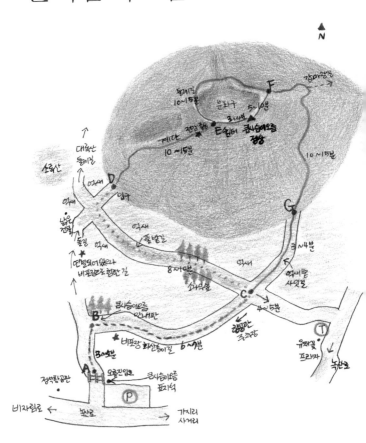

정상 뷰 ★★★★ 　　　**T 포인트** 전망, 억새 　　　**난이도** 중

탐방로 정비됨(풀 주의) 　　**추천** 9월~5월(s10~11월) 　　**특이점** 갑마장길

동행 함께 　　　　　　　**비추천** 여름, 비 오는 날 　　**함께 T** 따라비오름

Trekking Tip

🏔 **정상 코스, 정상+분화구 둘레길 코스**

(A 오름 진입로, B 첫번째 갈림길, C 사거리, D 오름 입구, E 분화구 샛길, F 오름 탐방로 갈림길, G 억새 초원 경계 지점)

1. 정상 코스 A→B→C→D→E→정상→F→G→C→B→A, 1시간~1시간 20분

2. 정상+분화구 둘레길 코스 A→B→C→D→E→뒤편 분화구 둘레길→F→정상→F→G→C →B→A, 1시간 30분

👁 D~E구간은 계단길이라 힘들지만, 올라갈수록 주변 전망이 좋음. 분화구 둘레길은 E지점 벤치 쉼터의 뒤편 샛길로 들어가면 되는데, 다양한 나무들과 고즈넉한 풍경이 특히 매력적임. 큰사슴이오름 정상은 E~F 중간 지점 탐방로에 있는데, 나무에 가려 전망 없음. 억새밭 주변에는 뱀 많으니 조심하고, 갑마장길을 따라 따라비오름까지 연이어 트레킹해도 좋음

★ 가을에 만나는 환상적인 억새 뷰

🕐 시간 제한 없음

👜 운동화, 식수, 모자, 자외선 차단제

🍸 없음, 유채꽃프라자 편의시설 이용

How to Go

📍 서귀포시 표선면 가시리 산 68-9

🚗 내비게이션 '서귀포시 표선면 가시리 산 52-4'

제주시 버스터미널에서 29.6km, 45분/ 서귀포 버스터미널에서 36.9km, 1시간

정석항공관 옆 주차장 이용(무료) → A지점 출입로에서 시작

유채꽃프라자에서 시작할 경우 유채꽃프라자 주차장 이용(무료)

🚌 가까운 버스 정류장 없음

우진제비오름

우진악 표고 410.6m **비고** 126m

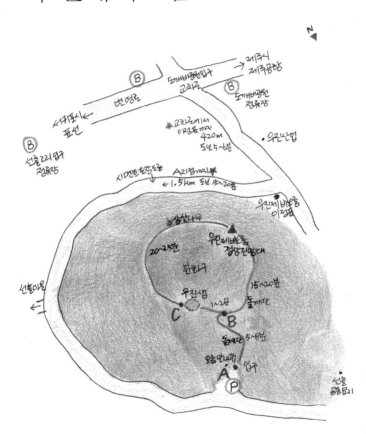

제주시
제주공항

도깨비평원입구
교래교

B 도깨비평원
전류장

번영로

B
←서귀포시
표선

교래2교에서
이전표까지
420m
도보 5~6분

우진난입

B
선흘2리 마을
전류장

시멘트포장도로
A리점까지
←1.5km 도보 15~20분

우진제비오름
이정표

상수라무

20~25분
우진제비오름
정상전망대

된화구

15~20분

우진심

1~2분

돌게다
5~5분

C

B

선흘마원

돌게다
5~5분

오름안내판

인구

A
P

선흘
공항표지

88

정상 뷰 ★★★	T 포인트 능선 산책, 우진샘	난이도 중
탐방로 정비됨(수풀 주의)	추천 10월~4월(맑은 날)	특이점 분화구 샘물
동행 함께	비추천 비 오는 날	함께 T거문오름, 알밤오름

Trekking Tip

🏔 **정상+우진샘 코스**

(A 오름 입구, B 우진샘, 정상 탐방로 갈림길, C 우진샘)

A→B→정상 전망대→C→B→A, 50분~1시간

👁 상산나무 꽃 피는 4월에 오르면 향기가 짙어 아찔할 정도로 상산나무가 많고, 능선에는 여러 수종의 나무들이 빽빽하게 자리잡아 전망이 다소 아쉬운 편이지만, 때묻지 않은 자연 그대로의 맛이 좋은 오름. 탐방객이 많지 않은 돌계단은 풀이 무성하지만, 고사리와 들꽃을 만나는 재미가 쏠쏠하고, 연중 마르지 않는 우진샘물은 신비로움

★ 분화구 안의 우진샘

🕐 시간 제한 없음

👜 트레킹화, 긴바지, 스틱, 식수, 모자, 자외선 차단제

🍸 없음

How to Go

📍 제주시 조천읍 선흘리 산 112

🚗 내비게이션 '우진제비오름'

제주시 버스터미널에서 20.5km, 30분/ 서귀포 버스터미널에서 44.7km, 1시간 10분
'우진산업' 지나서 우진제비오름 이정표 부근에서 내비게이션 종료 → 갈림길에서 오른쪽 도로로 반대편 오름 입구까지 1.5km 직진 → A지점 주변에 주차(도로가 비좁고 주차 공간 협소)

🚌 도깨비공원 정류장 or 선흘2리 입구 정류장

도깨비공원 정류장(211, 221번) 하차 → A지점까지 2km, 도보 20~30분
선흘2리 입구 정류장(211, 221번) 하차 → A지점까지 1.8km, 도보 20~30분

거문오름

서검은이오름 표고 456.6m **비고** 112m

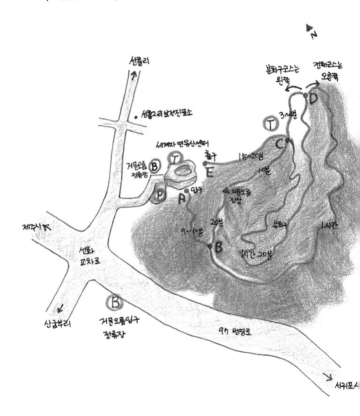

선흘리

선흘2리 보건진료소

세계자연유산센터

거문오름
정류장

출구

15~20분

3~4분

분화구코스는
왼쪽

전체코스는
오른쪽

D

T

C

E

1분

T

거문오름
정상

B

P

A

입구

제주시

선화
교차로

20분

어시1분

B

분화

1시간

산굼부리

B

거문오름입구
정류장

시간 20분

97 번영로

서귀포시

정상 뷰 ★★★★　　　**T 포인트** 전망, 분화구　　　**난이도** 중

탐방로 정비 잘됨　　　**추천** 사계절　　　　　**특이점** 사전예약, 유료입장

동행 해설사 동행　　　**비추천** 비 오는 날　　　**함께 T** 우진제비오름

Trekking Tip

🏔 **정상 코스, 정상+분화구 코스, 전체 코스**

(A 오름 입구, B 정상 코스 갈림길, C 분화구 코스 갈림길, D 전체 코스 갈림길, E 출구)

1. 정상 코스 A→B→정상→C→E, 1시간

2. 정상+분화구 코스 A→B→정상→C→분화구→D→C→E, 2시간 30분

3. 전체 코스 A→B→정상→C→분화구→D→B→A, 3시간 30분

👁 거문오름 웹사이트에서 사전예약 통해 자연유산해설사 동행, 다수 인원이 함께 탐방, 자유로운 탐방 불가능. 오름 주변 조망과 정상 탐방만 원하면 1번 코스까지, 분화구 안의 알오름과 숨골, 숯가마터, 화산탄이 보고 싶다면 2번 코스까지, 거문오름의 모든 봉우리와 분화구 전체를 파악하고 싶다면 3번 코스까지 트레킹(마지막 코스는 자유롭게 탐방)

★ 거문오름 분화구 탐방

🕘 오전 9시~오후 1시(휴무:화요일, 설날, 추석 / 기상악화 시 통제)

💼 운동화, 식수 (사용금지:앞 트임 샌들, 양산, 우산, 스틱, 아이젠, 음식물)

🍸 화장실, 세계자연유산센터 입구 편의시설 이용

How to Go

📍 제주시 조천읍 선흘리 산 102-1

🚗 내비게이션 '거문오름 탐방안내소 주차장'

　제주시 버스터미널에서 21km, 35분 / 서귀포 버스터미널에서 41.3km, 1시간

　거문오름 탐방안내소 주차장 이용(무료/전기차 충전소 있음)

🚌 **거문오름 입구 정류장 or 제주세계자연유산센터 거문오름 정류장**

　거문오름 입구 정류장(211, 221번) 하차 → 탐방안내소까지 970m, 도보 10~15분

　제주세계자연유산센터 거문오름 정류장(810-1, 810-2번) 하차 → 탐방안내소까지 130m,
　도보 1~2분

성불오름

성불악 표고 361.7m **비고** 97m

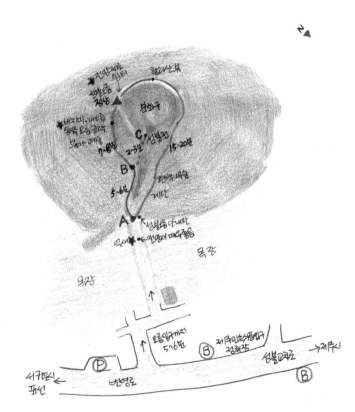

천연자파
쉼터

성불오름
정상

한라난대

벼리미, 개오름
동쪽 오름군속
닭머리 메돌

분화구

바지미, 개오름

C 성불천

2~3분   15~20분

7~8분

B

전복내묘솜

5~6분   제다

A   성불동안네막

억새   전영이 매우좋음

목장

오롬입구까지
5~6분

목장

서귀포시
표선

오름입구까지
5~6분

제주미관수원임규
정류장

B

성불교차로

→제주시

변영로

B

정상 뷰 ★★　　　　T 포인트 오름 입구 전망　　　난이도 중

탐방로 정비 안 됨(수풀 주의)　　추천 11월~4월　　　　특이점 분화구 샘물

동행 함께　　　　　　비추천 여름, 비오는 날　　함께 T 비치미오름, 개오름

Trekking Tip

🔺 정상 코스, 정상+성불천 코스

　(A 오름 입구 탐방로 갈림길, B 성불천 갈림길, C 성불천)

　1. 정상 코스 A→B→정상→A, 25~35분

　2. 정상+성불샘 코스 A→B→C→B→정상→A, 30~40분

👁 목장 사이 풀밭으로 성불오름 입구까지 오르기. 입구에서 뒤돌아보면 탁 트인 목장 너머로 주변 풍광이 그림처럼 펼쳐짐. 오르막 탐방로 구간은 매트와 목재 계단으로 비교적 양호하나, 정상 능선 구간은 억새와 잡목이 우거져 진드기가 많으니 각별히 주의. 분화구 중턱의 성불천(샘은 한때 성읍리 주민들의 유일한 급수원일 만큼 수량이 풍부했다고 하나, 지금은 관리가 전혀 안 되어 수풀만 무성하고, 정상 능선의 전망 또한 몇 년 내로 나무에 가려 보이지 않을 가능성이 있음

★ 탐방로 입구 초원에서 바라보는 주변 풍광

🕐 시간 제한 없지만 숲이 울창하니 늦은 시간은 피할 것

🧳 트레킹화, 밝은 색상 긴바지와 긴소매, 스패츠, 진드기 기피제, 스틱

🍸 없음

How to Go

📍 제주시 구좌읍 송당리 산 266

🚗 내비게이션 '제주시 구좌읍 번영로 2202' or '성불오름'

　제주시 버스터미널에서 25.6km, 40분 / 서귀포 버스터미널에서 44.3km, 1시간

　성불오름목장 초입 번영로 갓길 공터 주차(공간 여유)

🚌 제주민속식품입구 정류장

　제주민속식품입구 정류장(221, 222번) 하차 → A지점까지 500m, 도보 6~7분

개오름

구악 표고 344.7m **비고** 130m

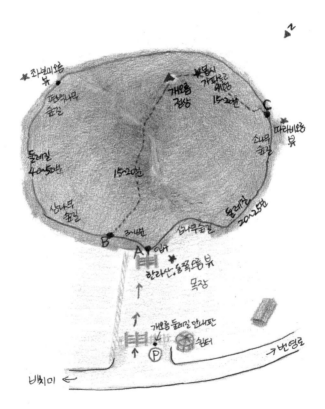

* 좌보미오름 뷰

편백나무
숲길

둘레길
40~50분

삼나무
숲길

* 개오름
  정상

* 당시
  가파르고
  위험

15~20분

C

* 따래비오름
  뷰

소나무
숲길

둘레길
20~25분

15~20분

3~4번

B

A 입구

소나무숲길

한라산 둘쭉오름 뷰

목장

개오름 둘레길 안내판

P 쉼터

→번영로

비치미 ←

94

정상 뷰 ★

탐방로 정비됨(수풀 주의)

동행 함께

T 포인트 둘레길, 숲 산책

추천 10월~4월

비추천 여름, 비 오는 날

난이도 중

특이점 오름 입구 목장

함께 T 비치미오름

Trekking Tip

🐾 **정상 코스, 둘레길 코스**

(A 개오름 탐방로 입구 갈림길, B 둘레길, 정상 탐방길 갈림길, C 정상 탐방로, 둘레길 갈림길)

1. 정상 코스 A→B→정상→B→A, 40~50분

2. 둘레길 코스 A→C→둘레길 한바퀴→B→A, 1시간~1시간 20분

👁 개오름 정상은 자라나는 나무들로 전망이 거의 없음. 정상에서 내려올 때는 정상~C구간은 경사가 몹시 심하고 위험하니, B지점으로 내려오는 것이 좋음. 정상에 비해 둘레길 전망은 좋은 편임. 둘레길은 삼나무, 소나무, 편백나무로 빽빽하지만, 나무들 사이로 보이는 주변 전망이 좋고, 몇몇 지점은 탁 트여 있어 풍경놀이하기에도 좋음. 오름 초입 목장으로 사진 찍으러 오는 사람들이 많아 입구는 붐비는 편이나 탐방로는 한적함(목장 출로 이용할 때 말들이 놀라지 않도록 각별히 주의) 사진 촬영 목적으로 목장 출입을 원할 때는 반드시 사전 허가를 받아야 하고, 개오름 탐방을 목적으로 입장할 때는 사전 허가 없이 출입 가능

★ 오름 입구 목장에서 바라보는 한라산 방향 풍경

🕐 시간 제한 없지만 숲이 울창하여 늦은 시간은 피할 것

👜 트레킹화, 긴바지, 스패츠, 스틱, 진드기 기피제, 식수

🍸 없음

How to Go

📍 서귀포시 표선면 성읍리 2974

🚗 내비게이션 '개오름'

제주시 버스터미널에서 30.2km, 50분 / 서귀포 버스터미널에서 49.5km, 1시간 20분

개오름 입구 풀밭 공터에 주차(공간 협소), 혼잡 시간에는 개오름 진입로가 비좁아 통행이 불편하니 300m 전에 있는 농로 갓길에 주차

🚌 주변 정류장 없어 버스 이용 불편

성읍2리 정류장(221, 222번) 하차 → 성읍2리 마을과 농로 사잇길(시멘트 포장도로)을 따라 개오름 주차장까지 2.3km, 도보 30분(혼자 걸어도 무섭지 않으나, 차량 주의)

비치미오름

비찌미 표고 344.1m **비고** 109m

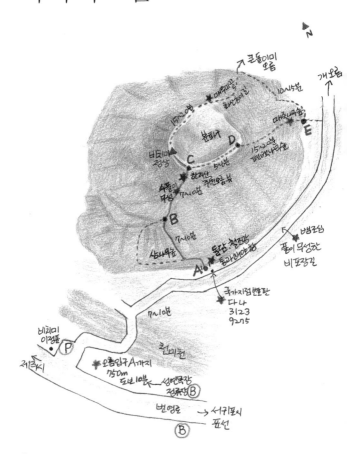

정상 뷰 ★★★★★　　　T 포인트 전망, 숲 산책　　　난이도 중

탐방로 정비 안 됨(수풀 주의)　　추천 10월~5월　　　특이점 천미천, 큰돌이미

동행 함께　　　　　　　　비추천 여름, 비 오는 날　　함께 T 큰돌이미오름

Trekking Tip

🕊 정상 능선 코스

(A 오름 입구 통로, B 오름 중턱의 삼나무숲 갈림길, C 오름 정상 갈림길, D 능선 갈림길, E 농경지(밭)옆 풀밭 출입로

1. 천미천에서 진입 A→B→C→정상 주변 능선 산책→C→B→A, 40~50분

2. 개오름에서 진입 E→D→C→정상 능선→큰돌이미 방향 하산→E, 50분~1시간

👁 A지점은 노란색 국가지점번호판(다나 3123 9275) 뒤편으로 진입, 돌담 넘고 철조망 통과하여 왼편으로 몇 걸음 이동, 나무에 묶인 길잡이띠 참고하여 삼나무숲 사이로 오름. 탐방로가 명확하게 드러나 있지 않으므로 초행길에는 반드시 현위치 체크하며 오르기. 개오름에서 진입할 경우, 농경지(밭)가 끝나는 지점에서 비치미 방향 풀밭을 통해 들어가기. E지점 갈림길에서 직진, 때죽나무 숲을 통과하여 편백나무숲 사이로 능선까지 오름. 초행길에는 A~B~C구간 이용하는 것이 좋음. 큰돌이미오름은 비치미 밑자락 탐방로에서 곧장 이어지고, 정상까지 왕복 30~40분이면 다녀올 수 있음. 비치미 밑자락 농로는 연중 수풀이 무성하고, 천미천이 가까워 뱀 많으니 조심하기

★ 능선에서 바라보는 360도 파노라마 뷰

🕐 시간 제한 없음

👜 트레킹화, 스패츠, 긴바지, 스틱, 진드기 기피제, 식수, 모자, 자외선 차단제

🍸 없음

How to Go

📍 제주시 구좌읍 송당리 산 255-1

🚗 내비게이션 '비치미오름' or '구좌읍 번영로 2233-5'

　제주시 버스터미널에서 27.5km, 45분 / 서귀포 버스터미널에서 46.3km, 1시간 10분

　번영로에서 진입하자마자 비치미 이정표 주변 공터에 주차하거나, 조금 더 진입하여 천미천 건너기 직전 공터에 주차 → 비포장 농로를 따라 오름 입구로 이동

🚌 성연목장 정류장

　성연목장 정류장(221, 222번) 하차 → A지점까지 750m, 도보 10분

백약이오름

표고 356.9m **비고** 132m

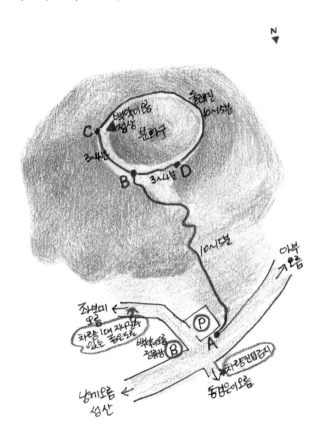

정상 뷰 ★★★★★ **T 포인트** 능선 전망, 일출 **난이도** 중

탐방로 정비 잘됨(풀 주의) **추천** 9월~5월 **특이점** 자연휴식년(정상부 봉우리)

동행 혼자 **비추천** 비 오는 날 **함께 T** 동검은이오름

Trekking Tip

🏔 **북쪽 봉우리 코스, 분화구 둘레길 코스**

(A 백약이오름 입구, B 분화구 둘레 갈림길, C 백약이오름 정상(동쪽 봉우리), D 북쪽 낮은 봉우리)

1. 북쪽 봉우리 코스 A→B→D→B→A, 20~30분

2. 분화구 둘레길 코스 A→B→C방향 둘레길 한바퀴→D→B→A, 40~50분

👁 2024년 8월 현재 백약이오름의 정상부 봉우리는 훼손이 심각하여 식생 복원과 보전관리를 위해 자연휴식년이 시행되고 있는데, 별도 고시가 있을 때까지 출입이 통제되고, 북쪽 봉우리와 분화구 둘레길만 탐방 가능. 그늘이 전혀 없는 오름이라 여름철 한낮 시간대는 피하는 것이 좋고, 일출을 보기 위해 새벽에 오를 때는 손전등이 필요함

★ 일출, 원형 분화구, 좌보미오름과 주변 오름 뷰

🕐 시간 제한 없음

💼 운동화, 식수, 모자, 자외선 차단제, 진드기 기피제

🍸 없음, 아부오름 화장실(1.7km거리) 이용

How to Go

📍 서귀포시 표선면 성읍리 산 1

🚗 **내비게이션 '백약이오름 주차장'**

제주시 버스터미널에서 29.5km, 50분 / 서귀포 버스터미널에서 48.3km, 1시간 10분

백약이오름 주차장 이용(유료), 무료 주차장은 아부오름 방향 230m지점에 있으나 백약이 입구까지 인도가 없으므로 차량 주의 요망

🚌 **백약이오름 정류장**

백약이오름 정류장(211, 212, 721-2번) 하차 → 바로 옆 오름 입구로 이동(차량 주의)

동검은이오름

거미오름 표고 340m 비고 115m

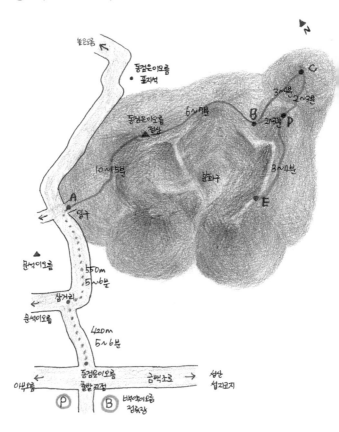

놀은오름

동검은이오름
표지석

동검은이오름
정상

6~7분

3~4분 2~3분

B

2만전 D

3~4분

10~15분

분화구

A

입구

E

문석이오름

550m
5~6분

삼거리

윤석이오름

420m
5~6분

동검은이오름
밭발 지점

금백조로

섭산
섭지코지

아부오름

P   B   백약이오름
정류장

정상 뷰 ★★★★★　　　T 포인트 능선 전망　　　난이도 중

탐방로 정비됨(풀 주의)　　추천 9월~5월　　　특이점 탐방로 훼손 심함

동행 혼자　　　　　　　비추천 비 오는 날　　함께 T 높은오름, 백약이오름

Trekking Tip

🦅 **정상 코스, 정상+분화구 주변 능선 코스**

(A 오름 입구, B 능선 갈림길 C 손지오름 방향 봉우리, D 봉우리 갈림길, E 정상 맞은편 봉우리)

1. 정상 코스 A–정상–A, 20~30분

2. 정상+분화구 주변 능선 코스 A→정상→B→C→D→E→D→B→정상→A, 50분~1시간

👁 정상 봉우리 탐방로는 비좁아 강풍이 심한 날에는 각별히 주의. E지점에서 아래로 이어지는 분화구 탐방로는 A~정상 구간의 중간 지점으로 나오는데, 한겨울에는 걷기 무난하지만 다른 계절엔 수풀이 우거져 길이 보이지 않고, 길을 잃어 구조 요청하는 이들도 있으므로 왔던 길로 되돌아 나오는 것이 좋음. C지점에서 손지오름으로 가는 길은 사유지로, 농장 주인이 불편하게 생각하므로 A지점 출입로를 이용하는 것이 좋음. 탐방로에 그늘이 없기 때문에 한여름 한낮은 피하는 것이 좋고, 능선에 소를 방목하므로 주의하기

★ 능선 주변으로 펼쳐지는 수많은 오름 풍경

🕐 시간 제한은 없으나 정상 부근이 가팔라서 어두워지면 위험

👜 트레킹화, 긴바지, 스패츠, 스틱, 식수, 모자, 진드기 기피제

🍸 없음, 아부오름 화장실과 송당마을 편의시설 이용

How to Go

📍 제주시 구좌읍 종달리 산 70

🚗 **내비게이션 '백약이오름 주차장'**

제주시 버스터미널에서 29.5km, 50분 / 서귀포 버스터미널에서 48.3km, 1시간 10분

백약이오름 주차장 이용 → 길 건너 맞은편 비포장 농로 따라 A지점까지 970m, 도보 10~15분

높은오름 방향에서 동검은이오름 입구까지 차량 통행 가능하나, 도로가 비좁아 매우 불편

🚐 **백약이오름 정류장**

백약이오름 정류장(211, 212, 721-2번) 하차 → 비포장 농로 따라 오름 입구까지 970m, 도보 10~15분

높은오름

표고 405.3m **비고** 175m

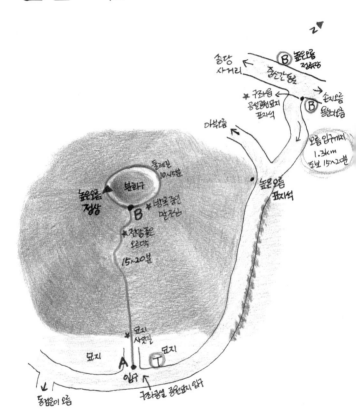

송당
사거리

ⓑ 높은오름
정류장

중산간동로

↗ ⓑ 손지오름
용눈이오름

✹ 구좌읍
공설공원묘지
표지석

아부오름

ⓑ 높은오름
정류장

오름 입구까지
1.3km
도보 15~20분

높은오름
표지석

둘레길
10시15분

분화구

높은오름
정상 ▲

✹ 반국 중천
말전산

✹ 전망좋은
오르막
15~20분

묘지
사잇길

묘지

ⓣ 묘지

묘지
ⓐ
입구

↓
용눈이 오름

↑
구좌공설 공원묘지 입구

정상 뷰 ★★★★★   T 포인트 정상 전망   난이도 중

탐방로 정비 잘됨(풀 주의)   **추천** 9월~5월(s가을)   **특이점** 말 방목

동행 함께   **비추천** 비 오는 날   **함께** T 동검은이오름

Trekking Tip

🕊 **정상+분화구 둘레길 코스**

(A 높은오름 입구, B 분화구 둘레 갈림길)

A→B→정상 및 분화구 둘레길 한바퀴→B→A, 1시간~1시간 20분

👁 오름 입구가 대규모의 공원묘지로 묘지 사잇길을 통해 오름을 올라야 함. 입구에서 정상까지 거의 일직선으로 탐방로가 이어져 있으나. 위로 올라갈수록 등뒤로 펼쳐지는 풍경이 아름다워 힘든 줄 모르고 오르게 되고, 분화구를 한 바퀴 돌면서 만나는 바람과 주변 경관이 좋음. 오름 기슭과 정상 능선에 말을 방목 중이니 주의하기

★ 한라산부터 높은오름 라인까지 펼쳐진 수많은 오름 군락

🕐 시간 제한 없음

💼 트레킹화, 스틱, 식수, 모자, 진드기 기피제, 자외선 차단제

🍸 화장실, 송당마을 편의시설 이용

How to Go

📍 제주시 구좌읍 송당리 산 213-1

🚗 **내비게이션 '구좌공설공원묘지'**

제주시 버스터미널에서 33.1km, 55분 / 서귀포 버스터미널에서 51.8km, 1시간 20분

구좌공설공원묘지 입구 갓길에 주차 → 묘지 사잇길을 통과하여 높은오름 입구로 이동

🚌 **높은오름 입구 정류장**

높은오름 입구 정류장(211, 212번) 하차 → 구좌공설공원묘지 입구까지 시멘트 포장도로 따라 1.3km, 도보 15~20분

거슨세미오름

세미오름 표고 380m 비고 125m

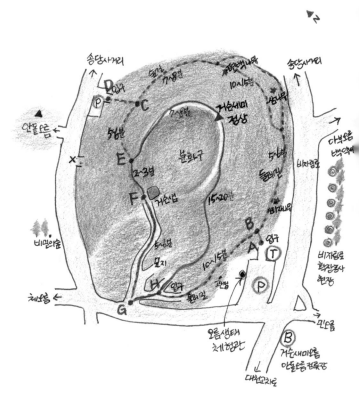

송당사거리

송당사거리

D 입구
P
C
출구 7~8분
판... 나무
10시5분
산... 나무

안돌오름
5분
거슨세미
정상

X
E
2~3분
분화구
7,8분
다... 오름
백... 여
비자림로

F
거슨섭
둘레반
5분
15~20분
비... 오...

비밀의숲
B
A 입구
T
비자림로
확장공사
현장

동산분
묘지
10시5분
둘레반

체오름
H
입구
곽...
P
민오름

G
둘레밤

오름생태
체험관

B
거슨세미오름
안돌오름 천육관

대천교차로

정상 뷰 ★★★　　　　**T 포인트** 숲 산책　　　　**난이도** 중

탐방로 정비됨(풀 주의)　　**추천** 사계절　　　　**특이점** 오름생태체험관

동행 혼자　　　　　　　**비추천** 흐린 날　　　**함께 T** 안돌오름, 밧돌오름

Trekking Tip

🏔 **정상 코스, 둘레길 코스**

(A 오름 입구, B 서쪽 입구와 동쪽 둘레길의 갈림길, C 안돌오름 방향 갈림길, D 안돌오름 방향 출입로, E 거슨샘물, 오름 정상, 동쪽 둘레길의 갈림길, F 거슨샘, G 오름 서쪽 출입로, H 정상으로 오르는 입구와 주차장으로 가는 갈림길)

1. 정상 코스 G→H→거슨세미 정상→E→F→G, 40~50분

2. 둘레길 코스 A→B→오른쪽 둘레길→C→E→F→G→H→B→A, 50분~1시간 10분

👁 H지점의 오름 출입로는 명확한 이정표 없으므로 삼나무 주변을 세심하게 살펴 탐방로를 찾아야 함. H~정상 구간은 가을철 억새도 볼 수 있고, 전망도 좋지만 인적이 드물기 때문에 함께 트레킹. 안돌오름 방향 X표시한 출입로는 농로이므로 탐방 자제. 거슨세미오름의 밑자락 둘레길은 비자나무, 삼나무, 편백나무와 함께 다양한 수종의 나무를 관찰할 수 있고, 탐방로가 완만하여 남녀노소 누구나 걷기 좋고, 사계절 어느 날씨에 찾아도 좋음

⭐ 비자나무, 삼나무, 편백나무, 활엽수림이 울창한 둘레길

🕐 시간 제한 없지만 울창한 숲이라 늦은 시간은 피할 것

🧳 트레킹화, 식수, 간식, 모기 기피제(여름)

🍸 화장실, 오름생태체험관

How to Go

📍 제주시 구좌읍 송당리 산 145

🚗 내비게이션 '거슨세미오름 주차장'

　제주시 버스터미널에서 25.9km, 45분 / 서귀포 버스터미널에서 44.6km, 1시간 10분

　거슨세미오름 주차장 이용

🚌 거슨새미오름, 안돌오름 정류장

　거슨새미오름, 안돌오름 정류장(211, 212, 711-1, 721-2, 810-1번) 하차 → 주차장 통과하여

　A지점 오름 입구로 이동(차량 주의)

안돌오름

표고 368.1m **비고** 93m

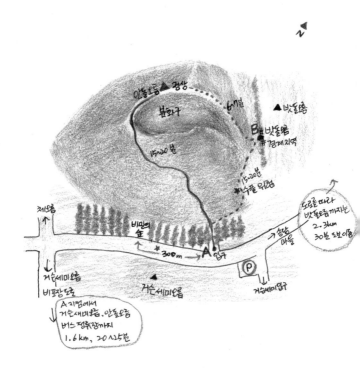

안돌오름 ▲ 정상

분화구

6여분

▲ 밧돌오름

B▲밧돌오름
#경계지역

15~20분

15~20분

#수풀 덤불

체오름
↑

도로를 따라
밧돌오름까지는
2~3km
30분 도보이동
↗

비밀의 숲

※ 300m

→ 송당
마을

A입구

↓
거슨새미오름
비팡 도로

거슨새미오름

P

↓
거슨새미입구

A지점에서
거슨새미오름, 안돌오름
버스 정류장까지
1.6km, 20시25분

정상 뷰 ★★★★　　　　**T 포인트** 능선 전망　　　　**난이도** 중

탐방로 정비 안 됨(수풀 주의)　**추천** 10월~4월　　　　　**특이점** 비밀의 숲(유료)

동행 혼자　　　　　　　　**비추천** 여름, 비 오는 날　　　**함께 T** 거슨세미오름

Trekking Tip

🏔 **정상 코스, 정상+둘레길 코스**

(A 안돌오름 입구, B 안돌오름 밑자락 둘레길 초원, 밧돌오름 경계 지역)

1. 정상 코스 A→안돌오름 정상→A, 30~40분

2. 정상+둘레길 코스 A→안돌오름 정상→B→밑자락 둘레길→A, 40~50분

👁 '비밀의 숲' 이용 차량으로 오름 진입 도로가 매우 혼잡. 안돌오름 입구는 '비밀의 숲'에서 약 300m 거리에 있고 비밀의 숲과 무관, 무료 입장. 안돌오름 탐방로는 풀이 무성하고 그늘이 없어 여름에는 오르기 힘들고, 종종 소떼가 탐방로를 점령하기 때문에 주의. 밑자락 둘레길은 몹시 험하고 수풀이 우거져서 정상에서 되돌아 나오는 것이 안전함. 연이어 밧돌오름을 트레킹하려면 현재 중간 통로가 막혀 있으므로, 밧돌오름 옆 도로를 이용하여 맞은편 밧돌오름 입구까지 이동 후 올라야 함

⭐ 안돌오름 능선에서 바라보는 밧돌오름

🕐 시간 제한 없음

🧳 트레킹화, 긴바지, 스패츠, 스틱, 식수, 모자, 진드기 기피제

🍸 거슨세미오름 화장실, 송당마을 편의시설 이용

How to Go

📍 제주시 구좌읍 송당리 산 66-2

🚗 내비게이션 '안돌오름' or '안돌오름 주차장'

제주시 버스터미널에서 27.6km, 50분 / 서귀포 버스터미널에서 46.3km, 1시간 10분

비밀의 숲 입구에서 300m 거리의 안돌오름 입구 맞은편 비포장 공터에 주차, 내비게이션에 따라 종료 지점이 상이할 수 있으므로 오름 입구를 찾기 어려운 경우에는 비밀의 숲 주차장 이용(도로가 좁고 차량이 많아 주의 요망)

🚌 거슨새미오름, 안돌오름 정류장

거슨새미오름, 안돌오름 정류장(211, 212, 711-1, 721-2, 810-1번) 하차→ 안돌오름 입구까지 비포장도로 따라 1.6km, 도보 20~25분(흙먼지, 차량 통행 많아 매우 불편)

거슨세미오름 트레킹맵 A~G구간 둘레 숲길 이용하면 훨씬 편하게 이동

밧돌오름

표고 352.8m **비고** 103m

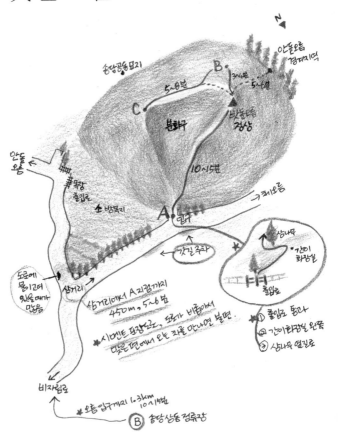

송당공동묘지

안돌오름 경계지역

B 3~4분
5~6분

C 5~6분

분화구

밧돌오름
정상

안돌오름

※뭉장 출입로

소 방목지

10~15분

→ 체오름

A 입구

갓길 주차

도로에
물이고여
있을때가
많음

삼거리 →

상가나무

간이화장실

출입로

① 출입로 통과
② 간이화장실 왼쪽
③ 상나무 옆진로

삼거리에서 A지점까지
450m, 5~6분

※시멘트 포장도로, 도로과 비롯아서
밧돗으로 오는 지름 만나면 볼편.

비자림로

※오름 입구까지 1~3km
10~15분

B 송당산동 정류장

정상 뷰 ★★★★★   **T 포인트** 전망   **난이도** 중

탐방로 정비 안 됨(수풀 주의)   **추천** 10월~5월   **특이점** 개민들레꽃(5월)

동행 함께   **비추천** 여름, 비 오는 날   **함께** T 거슨세미오름

Trekking Tip

🏔 **정상 코스**

(A 밧돌오름 입구, B 안돌오름 분화구 뷰 포인트, C 남동쪽 봉우리)

A→밧돌오름 정상→B→C→밧돌오름 정상→A, 30~40분

👁 초입의 오르막 탐방로는 수풀이 우거져 몹시 비좁고 미끄러우나, 중반 이후 탐방로는 시야가 트여 주변 경관을 감상하며 여유 있게 오를 수 있음. 정상 바위에 올라 한라산 방향으로 보이는 풍경이 특히 멋짐. 그늘이 전혀 없기 때문에 한낮은 피하고, 고즈넉하고 평화로운 정상 벤치에서 여유 있게 머물다 내려오면 좋음. 가시와 수풀에 걸려 옷이 찢길 수 있으므로 주의하기

⭐ 정상 능선에서 바라보는 안돌오름 분화구와 한라산

🕐 시간 제한 없음

👜 트레킹화, 긴바지, 긴소매, 스패츠, 스틱, 식수, 모자

🍸 거슨세미오름 화장실, 송당마을 편의시설 이용

How to Go

📍 제주시 구좌읍 송당리 산 66-1

🚗 **내비게이션 '밧돌오름'**

제주시 버스터미널에서 30km, 50분 / 서귀포 버스터미널에서 48.7km, 1시간 10분

내비게이션에 따라 도착 지점 다르고, 오름 입구에 특이 사항이 없어 찾기 어려울 수 있음

오름 입구 주변에 주차 공간 없으므로 삼거리 지나 도로 갓길 보이면 주차하고 이동

🚌 **송당상동 정류장**

송당상동 정류장(211, 212, 711-1번) 하차→ 안돌, 밧돌, 거슨세미오름 방향으로 약 150m쯤 직진, 우측에 정자가 있는 시멘트 포장도로로 진입 → A지점까지 1.3km, 도보 10~15분

돝오름

표고 284.2m **비고** 129m

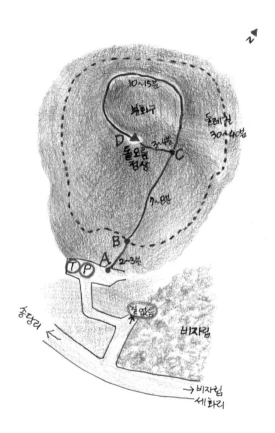

정상 뷰 ★★★★   T 포인트 전망, 숲   난이도 중

탐방로 정비됨(수풀 주의)   추천 10월~4월   특이점 비자림 조망

동행 함께   비추천 여름, 비 오는 날   함께 T 다랑쉬오름, 둔지오름

Trekking Tip

🐾 정상+분화구 둘레길 코스, 둘레길 코스

(A 돝오름 입구, B 둘레길, 정상 탐방로 갈림길, C 분화구 둘레 갈림길, D 돝오름 정상)

1. 정상+분화구 둘레길 코스 A→B→C→직진, 분화구 둘레 한바퀴→D→C→B→A, 40~50분

2. 둘레길 코스 A→B→좌우 원하는 방향으로 둘레길 한바퀴→B→A, 30~40분

👁 오름 초반부는 삼나무숲, 오름 능선은 소나무숲, 정상 봉우리는 풀밭으로 다양한 탐방로를 맛
볼 수 있음. B지점 갈림길의 왼쪽 탐방로는 정상으로 곧장 직진하여 오르는 길이지만, 경사가
몹시 심하기 때문에 분화구 능선을 돌아 올라가는 것이 좋음. 오름 밑자락 둘레길은 경사가
완만하고 편안하여 좌우 어느 쪽으로 한 바퀴 돌아도 좋음

★ 오름 정상에서 바라보는 다랑쉬오름

🕐 시간 제한 없지만 울창한 숲이라 늦은 시간은 피할 것

👜 운동화, 식수, 모자, 자외선 차단제

🍸 화장실

How to Go

📍 제주시 구좌읍 송당리 산 3 / 제주시 구좌읍 평대리 산 16

🚗 내비게이션 '돝오름'

제주시 버스터미널에서 33.8km, 1시간 / 서귀포 버스터미널에서 63km, 1시간 30분

돝오름 주차장 이용(무료) / 내비게이션에 따라 큰 도로까지만 안내하는 경우가 있으니, 지도
참조하여 주차장으로 진입

🚌 가까운 정류장이 없어서 버스 이용은 불편

송당로타리, 송당물혹, 송당리마을 정류장(2.4~2.6km) / 높은오름 입구 정류장(2.5km) / 비
자림 정류장(2.6km) 등 인근 버스정류장 이용 가능하지만 인도가 없어서 위험, 차량 조심

둔지오름

둔지봉 표고 282.2m **비고** 152m

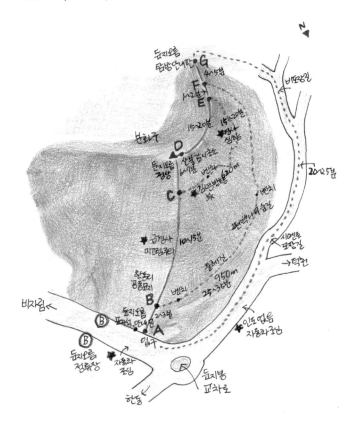

둔지오름
동방연내판 · **G**
4시5분

F
1시2분↗
E
15~20분 · 15~20분
명내
산허
15~20분
번화구

↘**D**
둔지오름 산불감시초로
정상 서쪽
번화
2시간비행 620m

C ●
2시간비행 620m
반내
1번지
편백나무 숲로

금경사 10시5분
미끄럼쥐의

한돌리
공동묘지
벤치
둘레길
950m
2시5분쯤

B
비자림←
둔지오름
포장 안내판 2시3분
A
임주
인포 없음
자출라 궁함

Ⓑ
Ⓑ
둔지오름
정류장
자출라
조당
Ⓒ
둔지봉
교차로

한둥←

112

정상 뷰 ★★★★ | **T 포인트** 숲 산책, 전망 | **난이도** 중
탐방로 정비됨(수풀 주의) | **추천** 10월~4월 | **특이점** 편백나무숲 둘레길
동행 함께 | **비추천** 여름, 비 오는 날 | **함께 T** 다랑쉬오름, 돝오름

Trekking Tip

🐾 **정상 코스, 정상+둘레길 코스**

(A 오름 입구, B,C 정상 탐방로, 둘레길 갈림길, D 정상 산불감시초소, E,F 둘레길 갈림길, G 분
화구 방향 출입로)

1. 정상 코스 A→B→C→D→C→B→A, 40~50분

2. 정상+둘레길 코스 A→B→F→E→C→D→C→B→A, 1시간 10분~1시간 30분

👁 거의 일직선으로 정상까지 이어지는 가파른 탐방로가 부담스럽다면 상하 2단으로 탐방할 수
있는 편백나무숲 둘레길을 따라 천천히 정상까지 오르면 좋음. 둘레길은 하단 탐방로가 완만
하고 편안하여 산책하기 좋고, 상단 탐방로는 경사가 심한 편임. 편백나무 둘레길은 중간중
간 벤치가 놓여 있어 쉼도 좋아서 정상까지 오르지 않더라도 숲 산책을 목적으로 찾아도 좋음.
정상에서 G방향으로 하산할 경우, 오름 둘레 비포장도로를 따라 A지점까지 돌아올 수 있음

⭐ 상하 2단의 편백나무숲 둘레길과 정상 전망

🕐 시간 제한 없지만 울창한 숲이라 늦은 시간은 피할 것

👜 트레킹화, 스틱, 식수, 간식

🍸 없음

How to Go

📍 제주시 구좌읍 한동리 산 40

🚗 **내비게이션 '둔지오름 버스정류장'**
제주시 버스터미널에서 35km, 55분 / 서귀포 버스터미널에서 54.5km, 1시간 15분
둔지오름 정류장과 오름 입구 주변 갓길에 주차(공간 협소)

🚌 **둔지오름 정류장**
둔지오름 정류장(810-1, 810-2번) 하차 → 바로 옆 오름 입구로 이동(차량 주의)

다랑쉬오름

월랑봉 표고 382.4m **비고** 227m

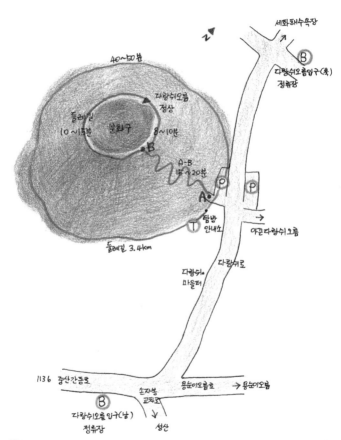

세화해수욕장

B 다랑쉬오름입구(북)
정류장

40~50분

다랑쉬오름
정상

둘레길
10~15분

분화구

8~10분

A-B
15~20분

B

P   P

A

탐방
안내소

T

야간다랑쉬오름

둘레길 3.4km

다랑쉬로

다랑쉬
마을터

1136 중산간동로

손자봉
교차로

용눈이오름로 → 용눈이오름

B 다랑쉬오름입구(남)
정류장

↓
성산

정상 뷰 ★★★★★　　　**T 포인트** 전망, 분화구　　　**난이도** 중
탐방로 정비 잘됨　　　　**추천** 10월~5월　　　　　**특이점** 탐방안내소
동행 혼자　　　　　　　**비추천** 여름, 비 오는 날　　　**함께 T** 돌오름, 높은오름

Trekking Tip

🕊 **정상+분화구 둘레길 코스, 둘레길 코스**

(A 다랑쉬오름 입구, B 분화구 둘레 갈림길)

1. 정상+분화구 둘레길 코스 A→B→오른쪽 오름 정상 및 둘레길 한바퀴→B→A, 50분~1시간

2. 둘레길 코스 탐방안내소 뒤편 화장실 옆길로 진입→한바퀴 돌아 제자리, 40~50분

👁 4월 말~5월 초에는 철쭉, 가을에는 억새를 볼 수 있고, 정상 능선에서는 주변 오름은 물론 한라산까지도 조망하기 좋음. 분화구 안으로는 출입을 통제하니, 분화구 한바퀴 돌아 하산하기. 오름 밑자락 둘레길은 편백나무와 삼나무숲을 두루 맛볼 수 있고, 자연 그대로의 탐방로라 운치 있지만, 탐방객이 거의 없으므로 함께 트레킹하고, 둘레길에서 도로로 나와서 주차장까지 이동할 때는 갓길로 걷고 차량 주의

★ 정상에서 내려다보는 원형 분화구와 주변 오름 풍경

🕐 시간 제한 없음

👜 운동화, 식수, 모자, 자외선 차단제

🍸 화장실, 탐방안내소

How to Go

📍 제주시 구좌읍 세화리 산 6

🚗 내비게이션 '다랑쉬오름 주차장'

　제주시 버스터미널에서 35.9km, 55분 / 서귀포 버스터미널에서 55.2km, 1시간 20분

　다랑쉬오름 주차장 이용(무료)

🚌 **다랑쉬오름입구(남) or 다랑쉬오름입구(북) 정류장**

　다랑쉬오름 입구(남) 정류장(211, 212, 810-1번) 하차 → 오름 입구까지 2.1km, 도보 20~30분

　다랑쉬오름 입구(북) 정류장(810-1번) 하차 → 오름 입구까지 1.5km, 도보 20분

　다랑쉬오름 입구(북) 정류장에서 이어진 도로 갓길이 조금 더 넓고 안전, 차량 주의

　용눈이오름 정류장에서 다랑쉬굴 방향으로 걸어 내려와 다랑쉬오름으로 이동 가능

아끈다랑쉬오름

표고 198m **비고** 58m

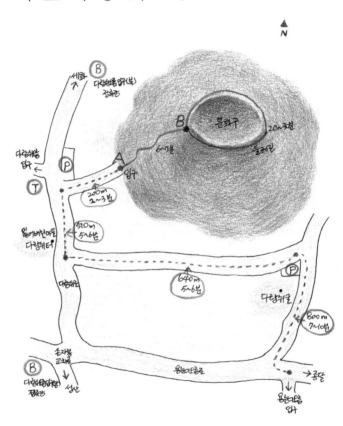

정상 뷰 ★★★★　　　　　**T 포인트** 억새, 전망　　　　　**난이도** 중

탐방로 정비 안 됨(수풀 주의)　　**추천** 10월~3월　　　　　**특이점** 오르막 훼손 심함

동행 혼자　　　　　　　　**비추천** 여름, 비 오는 날　　**함께 T** 다랑쉬오름, 용눈이오름

Trekking Tip

🛬 **정상+분화구 둘레길 코스**

　　(A 아끈다랑쉬오름 입구, B 분화구 둘레 갈림길)

　　A→B→정상 및 분화구 둘레 한바퀴→B→A, 30~40분

👁 〈아끈다랑쉬오름은 사유지 오름이므로 각별한 주의가 필요하며 안전사고 발생시 민형사상의 책임을 지지 않습니다〉라는 안내문이 오름 진입로에 세워져 있음. 오름 훼손이 갈수록 심각해도 사유지라 탐방로 정비가 불가능하고, 자연휴식년제 적용도 어렵기 때문에 최대한 발길을 자제하고 다랑쉬오름에서 내려다보는 방법 추천. 정상으로 오르는 길이 깊게 패여 있고 흙이 계속 쓸려 내려오기 때문에 낮은 오름이지만 쉽게 오를 수 없음. 정상 능선은 억새만 가득하고 그늘이 없어서 봄, 여름과 한낮 시간대는 피하는 것이 좋음

★ 주변 들판에서 보는 아끈다랑쉬오름 뷰, 다랑쉬굴

🕐 시간 제한 없음

💼 트레킹화, 긴바지, 스패츠, 식수, 모자, 자외선 차단제

🍸 다랑쉬오름 화장실

How to Go

📍 **제주시 구좌읍 세화리 2593-1~2**

🚗 **내비게이션 '다랑쉬오름 주차장'**

　　제주시 버스터미널에서 35.9km, 55분 / 서귀포 버스터미널에서 55.2km, 1시간 20분

　　다랑쉬오름 주차장 이용(무료)

🚐 **다랑쉬오름입구(남) 정류장 or 다랑쉬오름입구(북) 정류장 or 용눈이오름 정류장**

　　다랑쉬오름과 용눈이오름 버스 정보 참조

　　용눈이오름 버스정류장에서 다랑쉬굴을 경유하여 다랑쉬오름 주차장까지 약 2km, 도보 20~30분

용눈이오름

표고 247.8m **비고** 88m

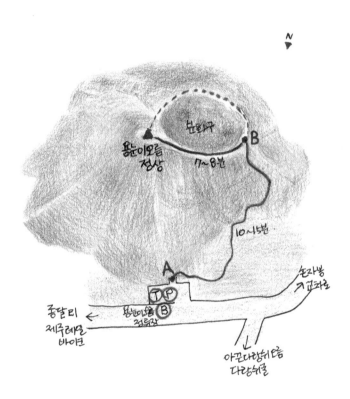

N

용눈이오름
정상

분화구

B

7~8분

10시분

A

T P
B
용눈이오름
정류장

손자봉
고과드

← 종달리
제주레클
바이크

아끈다랑쉬오름
다랑쉬굴

정상 뷰 ★★★★★   **T 포인트** 전망   **난이도** 중

탐방로 정비 잘됨   **추천** 10월~5월   **특이점** 사유지(분화구 둘레길)

동행 혼자   **비추천** 여름, 비 오는 날   **함께 T** 다랑쉬오름, 손지오름

Trekking Tip

🏔 **정상 코스**

（A 용눈이오름 입구, B 분화구 둘레길 출입 통제 지점）

A→B→왼쪽 탐방로→정상→B→A, 40~50분

👁 나무가 거의 없고 초지로 이루어진 용눈이오름은 흙이 쉽게 쓸려 내려가 훼손되기 쉬운 오름으로, 수년간 수많은 탐방객으로 몸살을 앓던 중 자연휴식년제 시행으로 출입이 전면 통제되었다가 2023년 7월부터 다시 출입이 허용되었으나, 현재 분화구 둘레길의 상당 부분이 개인 사유지 구간으로 출입이 제한되고 있음

훼손된 구간이 완전히 회복되지 않은 상태로 일부 구간의 출입이 어렵게 허용된 만큼 오름 탐방 시 탐방객의 주의와 최대한 발길을 자제하는 노력이 필요하고, 바로 옆 손지오름 능선에 올라 용눈이오름 조망하기 추천

용눈이오름은 그늘이 전혀 없기 때문에 여름철 한낮 탐방은 피하는 것이 좋음

★ 정상에서 바라보는 다랑쉬오름과 아끈다랑쉬오름

🕐 시간 제한 없음

👜 운동화, 식수, 모자, 자외선 차단제, 진드기 기피제

🍸 화장실

How to Go

📍 **제주시 구좌읍 종달리 산 28**

🚗 **내비게이션 '용눈이오름 주차장'**

제주시 버스터미널에서 35.3km, 55분 / 서귀포 버스터미널에서 54.6km, 1시간 20분

용눈이오름 주차장 이용(무료)

🚌 **용눈이오름 정류장**

용눈이오름 정류장(810-1, 810-2번) 하차 → 주차장을 통과하여 오름 입구로 이동

손지오름

손자봉 표고 255.8m 비고 76m

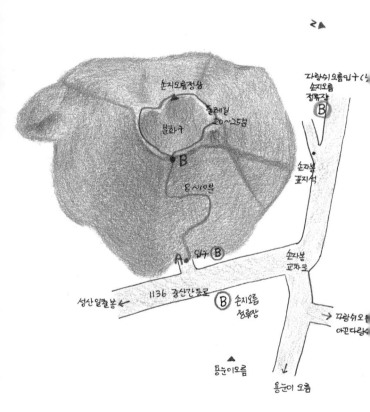

손지오름정상

둘레길
20~25분

분화구

● B

용사이분

A ● 임수 B

1136 중산간동로

← 성산일출봉

B 손지오름
정류장

자랑쉬오름입구(~
손지오름
정류장
B

손자봉
표지석

손자봉
교차로

→ 자랑쉬오름
아끈다랑쉬

↓

용눈이오름 ▲

용눈이 오름

120

정상 뷰 ★★★★

탐방로 정비 안 됨(수풀 주의)

동행 함께

T 포인트 억새, 전망

추천 11월~3월

비추천 여름, 비 오는 날

난이도 중

특이점 분화구와 억새

함께 T 동검은이오름

Trekking Tip

🏔 **정상+분화구 둘레길 코스**

(A 손지오름 입구, B 분화구 둘레 갈림길)

A→B→정상 및 분화구 둘레 한바퀴→B→A, 40~50분

👁 A~B구간은 탐방로가 드러나지 않은 억새, 풀밭이기 때문에 사람들이 지나간 흔적을 따라 올라야 하고, 길이 미끄러우니 각별히 조심. B지점에 오르면 좌우로 삼나무가 줄지어 서있는데, 안쪽으로 뚫린 길을 찾아 삼나무 라인을 통과, 분화구와 봉우리 주변을 살피며 길이 보이는 곳을 따라 정상 능선을 한 바퀴 돌고 제자리로 오면 됨

가을철에는 장갑과 스틱을 이용하여 억새를 헤쳐가며 트레킹. 진드기가 많은 곳이므로 각별한 주의가 필요하고, 여름철과 비 오는 날에는 안전을 위해 탐방 자제하기

⭐ 손지오름 능선에서 보는 용눈이오름

🕐 시간 제한 없지만 인적 드문 곳이므로 늦은 시간은 피할 것

👜 트레킹화, 밝은 색 긴바지와 긴소매, 스패츠, 스틱, 장갑, 식수, 모자, 진드기 기피제

🍸 없음. 다랑쉬오름 화장실(2.4km 거리) 이용

How to Go

📍 제주시 구좌읍 종달리 산 52

🚗 **내비게이션 '손지오름 정류장' or '손지봉'**

제주시 버스터미널에서 34.4km, 50분 / 서귀포 버스터미널에서 53.8km, 1시간 20분

손지오름 버스정류장 옆, 성산 10km 이정표 뒤편으로 진입 → 비포장 공터에 주차

손지봉 표지석에서 내비게이션이 종료되는 경우, 손자봉 교차로를 지나 버스정류장까지 직진

🚌 **손지오름 정류장**

손지오름 정류장(211, 212번) 하차 → 버스정류장 옆, A지점 오름 입구로 이동

대왕산

왕뫼 표고 157.6m **비고** 83m

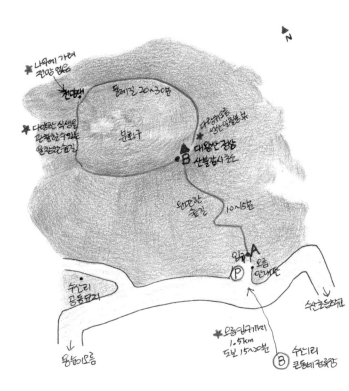

나무에 가려 전망 없음
천명땡

둘레길 20~30분

다른경로를 쌓은말봉의 뫼
대왕산 정상
산불감시 카드

B

다양한 식생을 관찰할수있는 완경간 둘레길

분화구

완만한 솔길 10시5분

입구 A
오름 안내판
P

수니리 공동묘지

용눈이오름

오름입구까지 1.5km
도보 15시20분

B 수니리 큰동네 정류장

수산초등학교

정상 뷰 ★★★　　　T 포인트 분화구 숲, 전망　　　난이도 중

탐방로 정비됨(풀 주의)　　추천 10월～5월　　　　　特이점 다양한 식생

동행 함께　　　　　　　비추천 여름, 비 오는 날　　함께 T 대수산봉, 성산일출봉

Trekking Tip

🏔 정상 코스, 정상+분화구 둘레길 코스

   (A 오름 입구, B 정상 산불감시초소)

   1. 정상 코스 A→B→A, 20～30분

   2. 정상+분화구 둘레길 코스 A→B→분화구 둘레 한바퀴→B→A, 40분～1시간

👁 높이가 낮은 오름이라 정상까지 오름은 쉽지만, 분화구를 한바퀴 돌아 나오는 길은 제법 경사가 있고 울창함. 산불감시초소 주변은 나무가 빽빽하여 전망이 좋지 않았으나 최근 정상 부근의 나무 일부를 베어내어 다랑쉬오름 방향과 성산 방향을 조망해 볼 수 있음. 인적이 드물어 혼자는 무섭지만, 함께 산책한다면 더할 나위없이 좋은 숲길을 경험할 수 있음

★ 다양한 수종의 나무들로 울창한 분화구 숲길

🕐 시간 제한 없음

👜 운동화, 식수

🍸 없음

How to Go

📍 서귀포시 성산읍 수산리 1431

🚗 내비게이션 '대왕산(성산읍 수산리 1431)'

   제주시 버스터미널에서 41.3km, 1시간 / 서귀포 버스터미널에서 51km, 1시간 20분

   A지점 대왕산 주차장 이용(3～4대 주차 가능)

   내비게이션이 주차장까지 안내하지 않고, 200m 거리의 수산리 공동묘지 주변에서 종료되므로 트레킹맵 참조하여 추가 이동하기

🚐 수산1리 큰동네 정류장

   수산1리 큰동네 정류장(211, 212, 721-2, 721-3번) 하차 → 오름 입구까지 1.5km, 도보 15～20분

성산일출봉

성산 **표고** 179m **비고** 174m

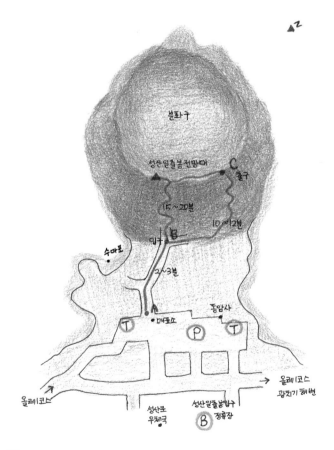

분화구

성산일출봉전망대

출구 C

15~20분

10~12분

입구 B

수마포

2~3분

A

매표소

동암사

성산포
우체국

성산일출봉입구
정류장 B

올레코스
광치기 해변

올레코스

정상 뷰 ★★★★★   **T 포인트** 전망, 일출   **난이도** 중

탐방로 정비 잘됨   **추천** 사계절   **특이점** 유료 입장

동행 혼자   **비추천** 한낮, 비 오는 날   **함께 T** 지미봉, 대수산봉

Trekking Tip

🏔 **정상 전망대 코스**

(A 일출봉 매표소, B 입출구 갈림길, C 출구 진입로)

A→B→정상 전망대→C→B→해안 산책로→A, 40~50분

👁 관광객이 많은 곳이므로 이른 아침이나 늦은 오후 시간의 트레킹이 좋고, 정상에서 전망이 목적이라면 미세먼지 심한 날이나 시야가 좋지 않은 날은 피하는 것이 좋음

우도가 보이는 수마포 해안 산책로와 주변 산책로를 함께 걸으면 좋고, 올레1코스를 따라 광치기해변까지 연이어 트레킹해도 좋음

★ 분화구, 성산일출봉 주변 경관

🕐 3월~9월 07:00~20:00 / 10월~2월 07:30~19:00 / 첫째 월요일 휴무

👜 운동화, 모자, 자외선 차단제

🍸 화장실, 편의점

How to Go

📍 서귀포시 성산읍 성산리 78

🚗 내비게이션 '성산일출봉' or '성산일출봉 주차장'

제주시 버스터미널에서 47km, 1시간 10분 / 서귀포 버스터미널에서 52.5km, 1시간 20분

성산일출봉 주차장 이용(무료/전기차 충전소 있음)

🚐 **성산일출봉입구 정류장**

성산일출봉입구 정류장(101, 111, 201, 211, 212, 295, 721-1, 722-1번) 하차 → 성산일출봉 매표소까지 400m, 도보 5~6분

지미봉

지미오름 표고 165.8m 비고 160m

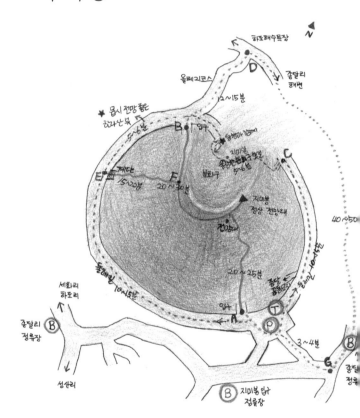

하도해수욕장

종달리
해변

올레21코스

12~15분

★ 몹시 전망 좋은
하가는목

5~6분

B 입구

당아리 함께

지미봉
옹항분화구 주장
5~6분

분화구

C

E 계단

15~20분

F

20~30분

지미봉
정상 전망대

전망대

세화리
하도리

둘레길 10~15분

20~25분

40~50분

종달
종달리항

성산리

B 종달리
정류장

입구

A

T

P

3~4분

B 종달
정류

B 지미봉 탐나
정류장

G

126

정상 뷰 ★★★★   **T 포인트** 전망, 일출   **난이도** 중

탐방로 정비 잘됨(풀 주의)   **추천** 사계절   **특이점** 올레21코스

동행 혼자   **비추천** 비 오는 날   **함께 T** 두산봉, 성산일출봉

Trekking Tip

🏔 정상 코스, 정상+둘레길 코스, 정상+종달리 해변 코스, 둘레길 코스

(A 지미봉 입구, B 하도리 방향 지미봉 입구, C 분화구 숲길 입구, D 지미봉 밭길 입구, E 둘레길에서 정상 오르막 계단 진입로, F 능선 갈림길, G 종달항 삼거리 갈림길)

1. 정상 코스 A→정상 전망대→A, 40~50분

2. 정상+둘레길 코스 A→정상 전망대→F→B + 둘레길(B→C→A 또는 B→E→A), 1시간~1시간 20분

3. 정상+종달리 해변 코스 D→B→F→정상 전망대→A→G→D, 1시간 30분~2시간

4. 둘레길 코스 A→C→B→E→A 또는 A→E→B→C→A, 30~50분

👁 지미봉의 말굽형 분화구를 관찰하려면 D지점에서 올레 21코스를 따라 걸으면 좋고, B~C구간의 울창한 분화구 숲길을 걸어도 좋음(숲길 탐방은 반드시 함께)

정상으로 오르는 탐방로는 어느 길이든 경사가 심한 편이고, E~F구간은 여름에 수풀이 무성하니 주의하고, 일행이 있다면 둘레길을 한바퀴 산책하면 아주 좋음

★ 정상 전망대에서 바라보는 성산일출봉과 우도, 종달리마을

🕐 시간 제한 없음, 일출 등반 시 손전등 필요

💼 운동화, 식수, 모자

🍸 화장실, 주변 편의점이나 식당 이용

How to Go

📍 제주시 구좌읍 종달리 산 3-1

🚗 내비게이션 '지미봉 주차장'

제주시 버스터미널에서 41.2km, 1시간 / 서귀포 버스터미널에서 56.4km, 1시간 20분

지미봉 주차장 이용(무료/전기차 충전소 있음)

🚌 종달리 정류장 or 지미봉입구 정류장

종달리 정류장(201번) 하차 → 지미봉 주차장까지 1.2km, 도보 10~15분

지미봉입구 정류장(711-2번) 하차 → 지미봉 주차장까지 320m, 도보 3~4분

삼의봉

삼의오름 삼의악 표고 574.3m **비고** 139m

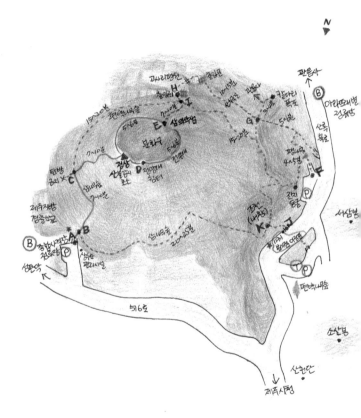

정상 뷰 ★★★★　　　**T 포인트** 전망, 숲 산책　　　**난이도** 중
탐방로 정비 잘됨　　　**추천** 9월~6월　　　**특이점** 분화구 샘물
동행 혼자　　　**비추천** 비 오는 날　　　**함께 T** 열안지오름, 검은오름

Trekking Tip

🏔 정상 코스, 정상+분화구 코스, 정상+둘레길 코스, 둘레길+칼다리폭포 코스

(A 516로 방향 오름 입구, B 둘레길 갈림길, C 정상, 둘레길 갈림길, D 정상 전망대 쉼터, E 삼의
악샘 갈림길, F 산록북로 방향 오름 진입로, G 칼다리폭포 갈림길, H 고사리평원 방향 오름 입
구, I 정상, 둘레길 갈림길, J 편백나무숲 방향 출입로, K 내창 둘레 갈림길)

1. 정상 코스 A→B→C→정상→D→C→B→A, 35~40분

2. 정상+분화구 코스 A→B→C→정상→D→E→정상→C→B→A, 45~55분

3. 정상+둘레길 코스 A→B→C→정상→D→E→I→C→B→A, 50분~1시간 10분

4. 둘레길+칼다리폭포 코스 F→G→칼다리폭포→G→H→I→C→B→K→J, 1시간 10분~1시
간 30분

👁 여러 방향에서 오름으로 진입이 가능하고, 갈림길 많고 탐방로도 다양하여 복잡하지만, 모든
탐방로가 이어져 있으므로 골고루 트레킹하면 좋음(둘레길은 함께)

★ 정상 전망대에서 바라보는 한라산, 아름다운 내창길

🕑 시간 제한 없음

💼 트레킹화, 스틱, 식수, 모자, 자외선 차단제

🍸 화장실

How to Go

📍 제주시 아라일동 산 24-2

🚗 내비게이션 '삼의봉' or '편백나무숲(제주시 아라일동 산 31-8)'
　제주시 버스터미널에서 9.2km, 20분 / 서귀포 버스터미널에서 36.3km, 55분
　516로(A지점)에서 시작할 경우 → 삼의봉 주차장 이용
　산록북로(F 또는 J지점)에서 시작할 경우 → 편백나무숲 주차장 이용

🚐 아라뜨래별 정류장 or 종합사격장 정류장
　아라뜨래별 정류장(475번) 하차 → F지점까지 330m, 도보 3~4분
　종합사격장 정류장(212, 232, 281번) 하차 → A지점까지 320m, 도보 3~4분

민오름 봉개동

무녜오름 민악 표고 651m **비고** 136m

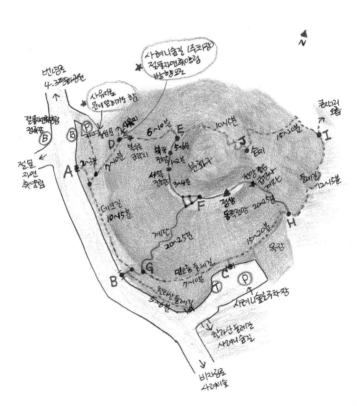

번영로
4·3평화공원

사려니숲길 (족지깍)
절물자연휴양림
방향으로

사유지로
문이 달려있기도 함

절물자연
휴양림

B B P

절물 주행동 주차장
자연
휴양림

A 2시간 D 북쪽 8시10분 E 10시45분 J 숲길 I 15시10분

북쪽   6시10분
관찰지

7시10분   북쪽 8시40분   숲길

서쪽   전망 2시10분
관찰소   분화구   숲길

3시4분   12시10분

더큰길   전망 참
10시15분   동릉 정상+   7시15분
2시10분   동릉

정상   동릉전망
동릉전망   20시25분   H

계단   15시20분   육관
20시25분   F

민오름 둘레길
7시10분   G

한라산 둘레길   J C P
5시6분   B

사려니숲레크장

한라산 둘레길
사려니숲길

비자림로
사려니숲로

130

정상 뷰 ★★★★★   **T 포인트** 전망, 숲 산책   **난이도** 상

탐방로 정비됨(풀 주의)   **추천** 10월~4월   **특이점** 습지

동행 함께   **비추천** 여름, 비 오는 날   **함께 T** 큰지그리오름

Trekking Tip

🐾 **정상 능선 코스, 정상+둘레길 코스, 둘레길 코스**

(A 절물휴양림 방향 오름 입구, B 비자림로 방향 오름 입구, C 사려니숲길 주차장 오름 입구, D 사유지 통과 주차장 갈림길, E 북쪽 능선 갈림길, F 정상 능선 갈림길, G,H 정상, 둘레길 갈림길, I 큰지그리오름 갈림길, J 민오름 습지)

1. 정상 능선 코스 C→G→F→동쪽 전망 정상→F→서쪽, 북쪽 전망 능선→E→D→G→C, 1시간 10분~1시간 30분

2. 정상+둘레길 코스 C→H→I→J→E→북쪽, 서쪽 전망 능선→F→동쪽 전망 정상→H→C, 1시간 40분~2시간 20분

3. 둘레길 코스 C→H→I→J→E→D→G→C, 1시간 20분~1시간 50분

👁 다섯 개의 민오름(송당, 수망, 오라, 선흘, 봉개) 중에서 최고봉이라고 할 만큼 난이도가 어려워 정상 오름은 어디로든 힘들지만, 능선에서의 전망은 어디서도 볼 수 없는 최고의 전망을 선사해줌, 분화구 방향 둘레길과 습지 구간은 몹시 울창하고 아름답지만, 탐방로가 거칠고 인적이 드문 편이므로 반드시 트레킹화를 착용하고 함께 걷는 것이 좋음

★ 정상 능선에서 바라보는 주변 풍광

🕐 시간 제한 없지만 숲이 울창하여 늦은 시간은 피할 것

🧳 트레킹화, 긴바지, 스패츠, 스틱, 식수, 간식, 모자, 자외선 차단제

🍸 화장실

How to Go

📍 제주시 봉개동 산 64

🚗 내비게이션 '사려니숲주차장(비자림로 방향)' or '절물자연휴양림'

제주시 버스터미널에서 20km, 35분 / 서귀포 버스터미널에서 34km, 55분

자가용 이용 시 사려니숲길 주차장(무료/전기차 충전소 있음)에 주차하고 C지점으로 진입

절물자연휴양림 주차장은 유료, 절물자연휴양림 버스정류장 뒤편 공터는 이용하기 불편

🚌 절물자연휴양림 정류장

절물자연휴양림 정류장(43-1, 43-2번) 하차 → A지점까지 200m, 도보 2~3분(차량 주의)

좌보미오름

표고 342m **비고** 112m

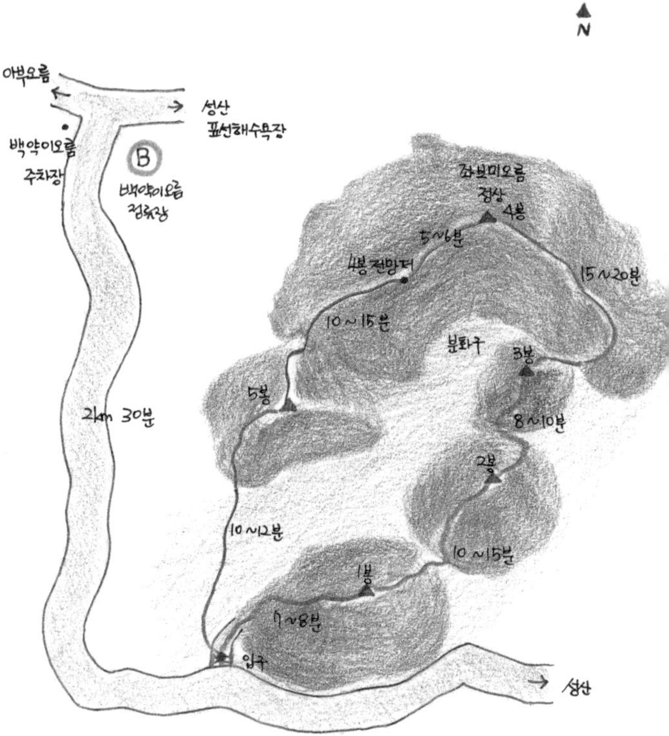

N

아부오름

성산
표선해수욕장

백약이오름
주차장

Ⓑ
백약이오름
정육장

좌보미오름
정상
4봉

5봉~6분

4봉 전망터

15~20분

10~15분

분화구

3봉

5봉

8~10분

2km 30분

2봉

10~12분

10~15분

1봉

7~8분

입구

성산

정상 뷰 ★★★★　　　　　 T 포인트 전망　　　　　 난이도 상

탐방로 정비 안 됨(수풀 주의)　 추천 10월~4월(s11월)　 특이점 다섯 봉우리

동행 반드시 함께　　　　　 비추천 5~9월, 비 오는 날　 함께 T 백약이오름

Trekking Tip

🏔 **다섯 봉우리 코스**

　　좌보미오름 입구→1봉→2봉→3봉→4봉 정상→4봉 전망터→5봉→오름 입구.

　　1시간 30분~2시간

👁 5봉부터 1봉순으로 트레킹해도 무방하지만, 봉우리에서의 전망을 제대로 만끽하려면 1봉부터
　　차례로 오르는 것이 효율적임. 1·2·5봉 정상의 전망이 아주 좋고, 4봉은 다섯 봉우리 중 가장
　　높고 울창한 숲으로 둘러싸임. 자연 그대로의 정비되지 않은 탐방로가 특히 매력적이지만 수
　　풀과 가시덤불이 많으니 각별히 조심하기. 종종 방목하는 소를 만나기도 하니 주의하기

★ 5봉 정상의 한라산 뷰(특히 가을 억새와 함께 보는 뷰가 최고)

🕐 시간 제한 없지만 울창하고 인적이 드물어 늦은 시간은 피할 것

💼 트레킹화, 긴바지, 긴소매, 스패츠, 스틱, 식수, 간식, 모자

🍸 없음

How to Go

📍 서귀포시 표선면 성읍리 산 6

🚗 **내비게이션 '좌보미오름' or '좌보미오름 입구'**

　　제주시 버스터미널에서 31.5km, 50분 / 서귀포 버스터미널에서 50km, 1시간 15분

　　좌보미오름 입구 갓길 주차

　　내비게이션이 금백조로에서 종료될 경우, 백약이오름 주차장 옆 샛길로 좌보미오름 입구까지
　　2km 진입(도로가 비좁기 때문에 맞은편 차량 주의)

🚌 **백약이오름 정류장**

　　백약이오름 정류장(211, 212, 721-2번) 하차 → 백약이오름 주차장 옆 샛길 따라 좌보미오름
　　입구까지 2km, 도보 30분(차량 주의)

알밤오름

알바매기오름 표고 393.6m 비고 154m

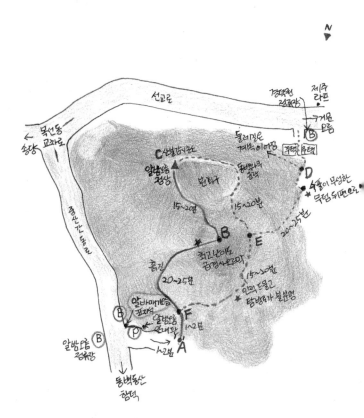

정상 뷰 ★★★★   T 포인트 전망   난이도 상

탐방로 정비 안 됨(수풀 주의)   추천 10월~4월   특이점 알오름

동행 함께   비추천 비 오는 날, 흐린 날   함께 T 우진제비오름

Trekking Tip

🏔 정상 코스, 정상+분화구 능선 숲길 코스, 선흘리 마을 정상 코스

(A 오름 입구, B 알밤오름의 알오름 정상, C 정상 산불감시초소, D 선흘리 마을 출입로, E 둘레길 갈림길, F 정상 탐방로, 둘레길 갈림길)

1. 정상 코스 A→F→B→C→B→F→A, 1시간~1시간 30분

2. 정상+분화구 능선 숲길 코스 A→F→B→C→E→F→A, 1시간 10분~1시간 30분

3. 선흘리 마을 정상 코스 D→E→C→E→D, 1시간 10분~1시간 20분

👁 A~F~B~C구간은 갈림길마다 이정표가 있어서 헤매지 않고 오를 수 있음. 정상에 오르기 위해서는 B지점 알오름 봉우리를 넘어야 하는데, 몹시 가파르고 흙길이 미끄러워 위험하므로 조심. 분화구 능선 숲길을 타고 내려오는 2번 코스는 이정표가 없어 초행길에는 헤맬 수 있으니 1번 코스 이용. 선흘리 마을 방향 D지점 출입로는 버스정류장 근처 게슈탈트커피제주 옆 샛길로 진입, 주택 뒤편으로 들어가 초지를 통과하면 숲길로 이어짐

★ 정상 능선에서 바라보는 동쪽 풍광

🕐 시간 제한 없지만 숲이 울창하니 늦은 시간은 피할 것

💼 트레킹화, 스틱, 긴바지, 스패츠, 식수, 모자

🍸 없음

How to Go

📍 제주시 조천읍 선흘리 산 59-2

🚗 내비게이션 '알밤오름' or '제주시 조천읍 선흘리 668'

제주시 버스터미널에서 23.3km, 40분 / 서귀포 버스터미널에서 52.7km, 1시간 20분

알바매기오름 표지석 뒤편, 알밤오름 입구 공터에 주차

D지점에서 시작할 경우 → 제주라프(짚라인제주) 주차장 이용

🚌 알밤오름 정류장 or 경덕원(다희연) 정류장

알밤오름 정류장(260, 704-2, 704-3, 810-2번) 하차 → A지점까지 100m, 도보 1~2분

D지점에서 시작할 경우 → 경덕원(다희연) 정류장(704-1, 704-3, 810-2번) 하차 → D지점까지 주택가 사잇길을 따라 250m, 도보 3~4분

West 오름의 기준은 북쪽(제주시)의 제주시청, 남쪽(서귀포
시)의 서귀포시청(제2청사)을 중심으로 왼쪽에 위치한 오름을
West 오름으로 분류하여 구성하였다. (기준점에 걸쳐 있는 고
근산은 편의상 서쪽으로 분류하였다) 서부권의 주요 도로인
1100로, 산록서로, 평화로, 산록남로, 중산간서로, 일주서로 주
변으로 옹기종기 자리한 오름들은 동부 지역에 못지않게 개성
있으면서도 독특한 외형이 눈길을 끈다. 특히 해안 가까이 자
리한 비양도, 차귀도, 마라도, 가파도 등 아름다운 섬들과 드넓
은 서부 중산간의 평원, 또 다른 모습의 한라산을 함께 조망해
볼 수 있고, 무엇보다 대부분의 오름에서 저녁 노을까지 감상
할 수 있어 좋다. 서쪽 지역의 오름은 대중교통 이용보다는 승
용차로 접근이 용이하다.

비양봉

느지리오름

당산봉

저지오름

수월봉

녹남봉

단산(바굼

가시오름

송악산

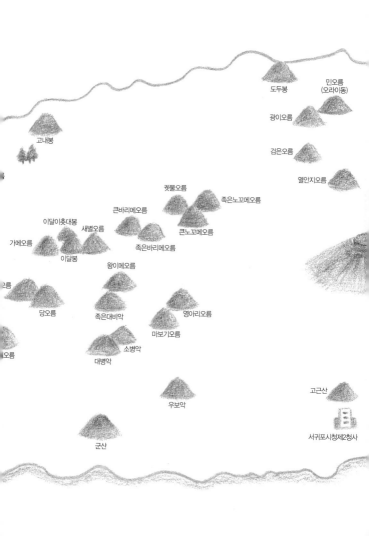

도두봉

민오름
(오라이동)

광이오름

검은오름

열안지오름

고내봉

켓물오름

족은노꼬메오름

큰바리메오름

큰노꼬메오름

이달이촛대봉
새별오름

족은바리메오름

가메오름

이달봉

왕이메오름

족은대비악

영아리오름

마보기오름

소병악

대병악

당오름

우보악

고근산

서귀포시청제2청사

군산

도두봉

도들오름 표고 65.3m 비고 55m

N

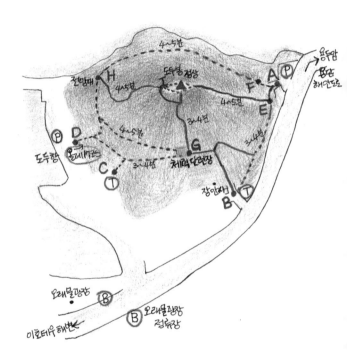

정상 뷰 ★★★★	T 포인트 전망, 노을	난이도 하
탐방로 정비 잘됨	추천 사계절	특이점 올레17코스
동행 혼자	비추천 비 오는 날	함께 T 사라봉, 별도봉

Trekking Tip

🔺 정상 코스, 정상+둘레길 코스, 둘레길 코스

(A 주차장 뒤편 오름 입구, B 장안사 옆 오름 입구, C 공원화장실 뒤편 오름 입구, D 도두항 방향 오름 입구, E 정상 오름 계단 갈림길, F 해안 방향 둘레길 입구, G 체력단련장 갈림길, H 전망대 갈림길, I 도두봉 정상)

1. 정상 코스 A→E→G→ㅓ→E→A or B→G→ㅓ→G→B, 15~20분

2. 정상+둘레길 코스 A→E→G→ㅓ→H→F→A, 20~30분

3. 둘레길 코스 A, B, C, D 진입이 편한 입구 선택→좌우 원하는 방향으로 한바퀴

👁 오름 출입로가 여러 곳이므로 가까운 곳에서부터 오름을 시작하면 좋고, E~ㅣ 구간은 경사가 심한 계단이므로 G~ㅣ 구간으로 정상 오르는 길이 수월함. 둘레길을 모두 돌아도 10~15분이면 충분하니 정상과 함께 탐방하면 좋음. 연중 혼잡한 곳이므로 이른 아침이나 해질 무렵 이용. 올레17코스를 연이어 트레킹할 수 있음

★ 제주공항 활주로에 이착륙하는 항공기

🕐 시간 제한 없음

👜 별도 준비하지 않아도 오름 가능

🍸 화장실, 주변 편의시설 이용

How to Go

📍 제주시 도두1동 산 2

🚗 내비게이션 '도두봉 주차장' or '도두항'

제주시 버스터미널에서 7.3km, 15~20분 / 서귀포 버스터미널에서 46km, 1시간

장안사 입구는 주차하기 협소하므로 주차장을 이용하거나 도두항 인근에 주차하면 편리함

🚌 오래물광장 정류장

오래물광장 정류장(444, 445, 447, 453번) 하차 → B지점까지 240m, 도보 3~4분

광이오름

광이오름 표고 266.8m 비고 77m

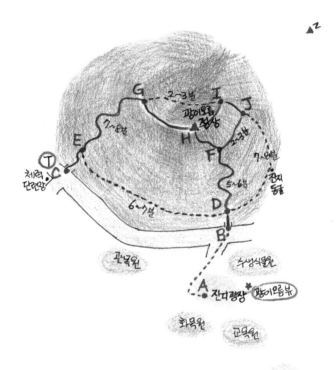

정상 뷰 ★★★	**T 포인트** 숲 산책	**난이도** 하
탐방로 정비 잘됨	**추천** 사계절	**특이점** 한라수목원
동행 혼자	**비추천** 한여름 한낮	**함께 T** 민오름(오라이동)

Trekking Tip

🏔 **정상+둘레길 코스**

(A 잔디광장, B, C 오름 출입로, D, E 둘레길과 정상 탐방로 갈림길, F 정상 탐방로 갈림길, G 체력단련장 갈림길, H 광이오름 정상, I, J 둘레 갈림길)

A→B→D→F→J→H→G→E→C→A, 30~40분

👁 한라수목원 산책로는 연중 방문객이 많아 혼잡하지만, 오름 탐방로 이용은 운동하는 주민들이 대부분이라 혼잡하지 않음. 오름 탐방로에 갈림길이 많아 복잡하지만, 구간이 짧고 연결되어 있어서 한라수목원 산책로까지 골고루 탐방하면 좋음. 제주공항과 가깝고 대중교통 이용도 편리하므로 공항 주변에서 2~3시간 자투리 시간에 들르면 좋음

★ 사계절 푸르고 울창한 숲길

🕐 시간 제한 없음, 가로등 점등시간(일몰 후~ 오후 11시까지)

🧳 운동화, 식수, 모기 기피제(여름)

🍸 화장실, 한라수목원 편의시설 이용

How to Go

📍 제주시 연동 산 62

🚗 **내비게이션 '한라수목원'**

제주시 버스터미널에서 7km, 20분 / 서귀포 버스터미널에서 43.7km, 50분
한라수목원 공영주차장 이용(유료)

🚌 **한라수목원 정류장**

한라수목원 정류장(240, 311, 312, 331, 332, 415, 440, 465, 466, 795, 1111번) 하차 → 한라수목원 입구까지 888m, 도보 10~15분

궷물오름

궤물오름 표고 597.2m   **비고** 57m

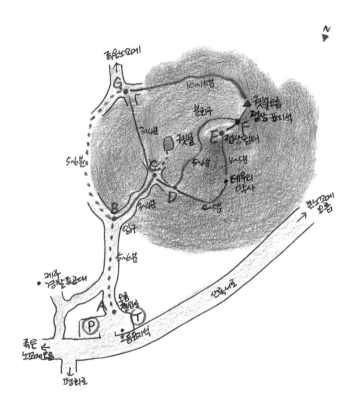

정상 뷰 ★★★   T 포인트 숲 산책   난이도 하

탐방로 정비 잘됨   추천 사계절   특이점 분화구 샘물

동행 혼자   비추천 비 오는 날   함께 T 족은노꼬메오름

Trekking Tip

🦅 **정상 코스, 정상+둘레길 코스**

(A 궷물오름 주차장, 오름 출입로, B 족은노꼬메, 궷물오름 탐방로 갈림길, C 분화구 샘물(궷
물), 족은노꼬메, 궷물 정상 탐방로 갈림길, D 정상 방향 탐방로 갈림길, E 정상 쉼터, F 정상
능선 갈림길, G 족은노꼬메, 궷물오름 둘레길 갈림길)

1. 정상 코스 A→B→C→D→E→F→정상→F→D→C→B→A, 30~40분

2. 정상+둘레길 코스 A→B→C→D→E→F→정상→G→C→B→A, 40~50분

👁 C지점에서 안쪽으로 직진하면 분화구 샘물을 볼 수 있는데, 궷물 주변이 미끄러우니 조심.
C지점 주변은 공간도 넓고 쉴 수 있는 평상도 많아 아이들이랑 자연 관찰 탐방하기 좋음

★ 정상 쉼터에서 보는 족은노꼬메오름과 큰노꼬메오름

🕐 시간 제한 없음

💼 운동화, 모자, 식수, 간식

🍸 화장실

How to Go

📍 제주시 애월읍 유수암리 산 136-6

🚗 내비게이션 '궷물오름 주차장'

제주시 버스터미널에서 16.5km, 30~40분/ 서귀포 버스터미널에서 32km, 30~40분

궷물오름 주차장 이용(무료)

🚌 **가까운 버스 정류장 없어 버스 이용은 불편**

가장 가까운 정류장, 평화로의 렛츠런파크 교차로 근처 새마을금고연수원 정류장(251, 252,

253, 254, 255, 282번) 하차 → 궷물오름 주차장까지 3.3km, 도보 40~50분(오르막 포장

도로)

가메오름

표고 372.2m **비고** 17m

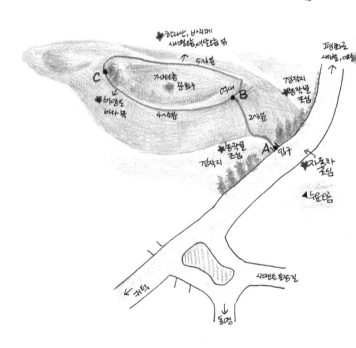

N

↗한라산, 바리메
새별오름, 이달오름 뷰

평화로
새별, 애월

↑ 5시방분

가메오름
분화구

C

경작지
↘경작물
조심

B 이새

↘비양도
바다뷰

4~5시방분

2시방분

경작지

↘농작물
조심

A 입구

↘자동차
조심

↓누운오름

시멘트포장길

←귀덕

↓동명

144

정상 뷰 ★★★★★　　　　**T 포인트** 억새, 전망　　　　**난이도** 하

탐방로 정비 안 됨　　　　**추천** 10월~3월　　　　**특이점** 경작지로 에워싸임

동행 혼자　　　　**비추천** 여름, 비 오는 날　　　　**함께 T** 이달오름, 정물오름

Trekking Tip

🏔 정상+분화구 둘레길 코스

(A 오름 출입로, B 능선 탐방로 갈림길, C 화산석과 나무 몇 그루)

A→B→C→B→A, 15~20분

👁 전체 오름 중 높이가 낮은 오름 10위 안에 들만큼 작은 오름이지만, 분화구와 전망, 억새 풍경은 멋진 오름 10위 안에 들만큼 아름다운 오름으로, 정해진 탐방로는 없지만 억새 사이로 보이는 길을 통해 분화구 주변을 돌아서 나오면 됨. 오름 출입할 때 농작물에 피해 주지 않도록 각별히 주의하고, 갓길이 없고 차량 통행 많은 도로라서 안전에 주의하기

★ 억새로 가득한 분화구 둘레 능선 한바퀴

🕐 시간 제한 없음

👜 운동화, 긴바지, 진드기 기피제, 모자, 자외선 차단제

🍸 없음

How to Go

📍 제주시 애월읍 봉성리 산 124일대

🚗 내비게이션 '애월읍 봉성리 산 124-1'

제주시 버스터미널에서 26.3km, 40분 / 서귀포 버스터미널에서 26.8km, 30분

A지점 갓길에는 차량 1대 정도만 주차 가능. 150m 거리의 사거리 회전로 갓길 주차

A지점은 경작지이므로, 농작물에 피해 주지 않도록 각별히 조심하기

🚌 이시돌단지 정류장

이시돌단지 정류장(783-2번) 하차 → A지점까지 1.4km, 도보 15~20분(시멘트 포장도로)

어도오름

도노미오름 표고 143.2m **비고** 73m

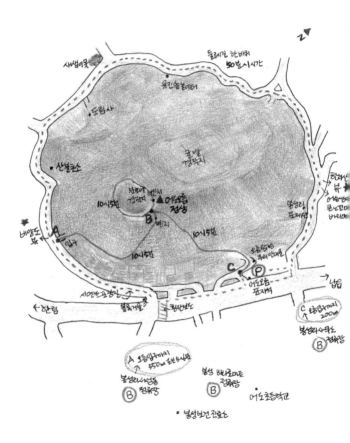

새섬이못

둘레길 한바퀴
50분 시간

윗건축들여터

도림사

한라산 뷰
바리메

산불초소

굴밭
경작지

10시5분
분화구
경작구

버앙치
벙치

어도오름
정상

봉성리
표제석

한라산 뷰
어승생고롬·
콘트리바리메

버양도 뷰

입구

10시5분

비지

10시5분

오름등반
구리안내판

C

어도오름
표제석

남읍

서연트표경원
블록거울굿

횡단보도

한림

C 오름입구까지
200m

봉성리사무소
B 정류장

A 오름입구까지
550m 도보 5시15분

봉성리새연동
B 정류장

봉성 해비리오트
B 정류장

어도초등학교

봉성보건진료소

146

정상 뷰 없음	**T 포인트** 둘레길 전망	**난이도** 하
탐방로 정비됨(수풀 주의)	**추천** 9월~6월	**특이점** 분화구 과수원
동행 함께	**비추천** 비 오는 날	**함께 T** 고내봉, 느지리오름

Trekking Tip

🏔 **정상 코스, 둘레길 코스**

(A 둘레길 옆 산책로 입구, B 오름 정상 분화구 탐방로 갈림길, C 오름 안내판 옆 입구)

1. 정상 코스 C→B→분화구 탐방로 한바퀴→B→A→C, 30~40분

2. 둘레길 코스 C지점(어도오름 표지석) 출발→A방향으로 둘레길 한바퀴, 50분~1시간

👁 정상 탐방로는 바깥 전망을 전혀 볼 수 없는 반면, 둘레길은 탁 트여 있어 어디서든 주변 풍광을 감상하며 산책할 수 있고 혼자 걸어도 좋음. 삼각점이 있는 정상부는 산책로를 벗어나 위로 몇 걸음 더 올라가는데, 잡목이 빽빽하게 둘러싸고 있음. 분화구는 개간하여 과수원으로 이용 중이고, 분화구 주변으로 탐방로가 정비되어 있어 산책하기 좋음

★ 둘레길의 한라산 방향 뷰

🕐 시간 제한 없음

💼 운동화, 스패츠, 진드기 기피제, 식수

🍸 없음, 봉성리마을 편의시설 이용

How to Go

📍 제주시 애월읍 봉성리 3920-35

🚗 내비게이션 '애월읍 봉성리 3904'

제주시 버스터미널에서 28km, 40~50분 / 서귀포 버스터미널에서 36km, 50분

내비게이션 종료 지점(C출입로 주변) 근처 공터에 주차

A지점 근처는 주차가 불가능하므로 C지점 공터와 마을 주변에 주차

🚌 **봉성하나로마트 정류장 or 봉성리사무소 정류장 or 봉성리서성동 정류장**

봉성하나로마트 정류장(291, 292번) 하차 → C지점까지 420m, 도보 5~6분

봉성리사무소 정류장(291, 292번) 하차 → C지점까지 200m, 도보 3~4분

봉성리서성동 정류장(291, 292번) 하차 → A지점까지 550m, 도보 5~6분

탐방을 원하는 시작 지점과 가까운 버스정류장 이용하기

느지리오름

망오름 표고 225m **비고** 85m

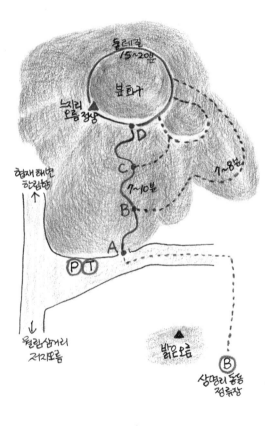

둘레길
15~20분

분화구

느지리
오름 정상

D

7~8분

현재 해변
한림항
↑

C

7~10분

B

A

Ⓟ Ⓣ

↓
월령삼거리
저지또름

밝은오름

Ⓑ
상명리 동동
정류장

정상 뷰 ★	**T 포인트** 숲 산책	**난이도** 하
탐방로 정비 잘됨	**추천** 9월~5월	**특이점** 정상 만조봉수터
동행 함께	**비추천** 비 오는 날	**함께 T** 저지오름, 어도오름

Trekking Tip

🐾 **정상+느지리숲길 탐방 코스**

(A 느지리오름 입구, B 정상, 둘레길 갈림길, C 정상 탐방로 갈림길, D, F 분화구 순환로 갈림길, E 느지리오름 정상 만조봉수터)

A→B→C→D→E→F→B→A, 40~50분

👁 최근 정상 전망대가 철거되고 봉수터만 남아 있어 정상에서의 바깥 풍경 조망은 기대하기 어려움. F~B구간 둘레길 중간쯤 유일하게 바깥 풍경을 조망하기 좋은 장소가 있음

탐방로 갈림길이 많지만 구간이 짧고 모두 연결되어 있으므로, 정상까지 곧장 올랐다가 내려오는 길에 갈림길 산책로마다 천천히 걸어도 좋음. 인근에 축사가 많아서 비 오는 날에는 악취가 심함

★ 특별한 준비 없이 근처 지나다가 가볍게 걸을 수 있는 산책로

🕐 시간 제한 없음

🧳 운동화, 식수, 모기 기피제(여름)

🍸 화장실

How to Go

📍 제주시 한림읍 상명리 산 5

🚗 **내비게이션 '느지리오름 주차장'**

제주시 버스터미널에서 33.6km, 50분 / 서귀포 버스터미널에서 32.6km, 40~50분

느지리오름 주차장 이용(무료/ 전기차 충전소 있음)

🚌 **상명리동동 정류장**

상명리동동 정류장(783-1번) 하차 → 느지리오름 주차장까지 1.1km, 도보 10~15분

버스정류장 옆 마을길을 따라 진입 → 마을 구경하면서 천천히 2~3분 직진 → 비닐하우스 보이는 사거리 갈림길에서 좌회전 → 오름 입구까지 직진하기

수월봉

노꼬물오름 표고 78m 비고 73m

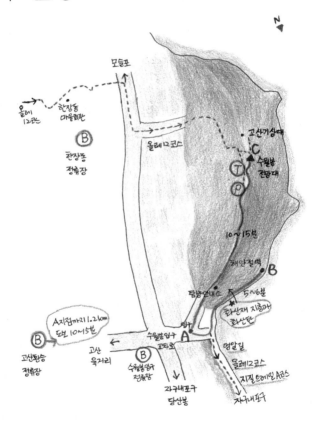

모들포

올레
12코스

한장동
마을회판

Ⓑ 한장동
정류장

올레12코스

• 고산기상대

Ⓒ 수월봉
전망대

Ⓣ

Ⓟ

10~15분

해안절벽

Ⓑ

탐방안내소

5~6분

화산재 지층과
화산탄

A지점까지 1.2km
도보 10~15분

입구

Ⓐ

수월봉입구
교차로

고산
육거리

Ⓑ 수월봉입구
정류장

영일길

올레12코스
지질트레일A코스

Ⓑ 고산환승
정류장

자구내포구
당산봉

자구내포구

정상 뷰 ★★★★   **T 포인트** 화산층, 노을   **난이도** 하

탐방로 정비 잘됨   **추천** 사계절   **특이점** 올레12코스, 지오트레일

동행 혼자   **비추천** 비 오는 날   **함께 T** 당산봉, 녹남봉

Trekking Tip

🦅 **정상 코스, 해안 산책로 코스**

(A 수월봉 입구, 정상 탐방로와 지질트레일 코스 갈림길, B 해안 절벽 산책로, C 수월봉전망대)

1. 정상 코스 A→C→A, 20~30분(차량 이용할 경우 2~3분)

2. 해안 산책로 코스 A→B→A, 10~20분

👁 A지점의 탐방안내소는 최근 철거되고, 전기자전거 대여소도 자리를 옮겨서 오름 입구가 다소 한산해졌지만, 오름 입구까지 인도가 없으므로 도보 이동 시 차량 주의. 해안 산책로 이용할 때는 전망대 주차장에서 걸어 내려오거나, 자구내포구에 주차하고 지질트레일 A코스를 따라 수월봉까지 왕복(30~40분)으로 트레킹해도 좋음. 수월봉은 정상부에 주차장이 있어서 오름의 매력은 없지만, 전망이 훌륭하고 해안산책로와 지질트레일 코스, 올레12코스와 함께 연이어 트레킹하면 좋음

⭐ 화산재 지층과 화산탄을 볼 수 있는 해안 산책로

🕐 시간 제한 없음

👜 별도 준비하지 않아도 오름 가능

🍸 화장실, 전망대 매점

How to Go

📍 제주시 한경면 고산리 3760

🚗 **내비게이션 '수월봉전망대'**

제주시 버스터미널에서 47.4km, 1시간 20분 / 서귀포 버스터미널에서 39km, 1시간

A지점은 주차 금지 구역이므로 수월봉전망대 주차장 이용(무료)

🚌 **수월봉입구 정류장 or 한장동 정류장 or 고산환승정류장**

수월봉입구 정류장(771-1, 771-2번) 하차 → 전망대까지 800m, 도보 10~15분

한장동 정류장(761-1, 761-2번) 하차 → 전망대까지 1km, 도보 10~15분

고산환승정류장(102, 202, 761-2번) 하차 → A지점까지 1.2km, 도보 10~15분

녹남봉

녹남오름 표고 100.4m **비고** 50m

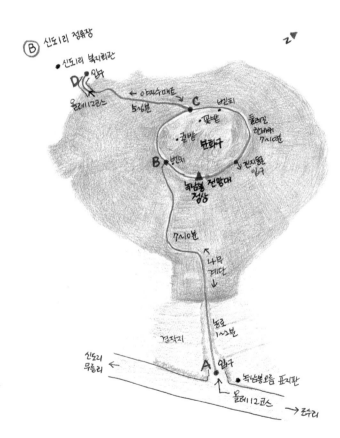

Ⓑ 신도리 정류장

• 신도리 복지리관

D 입구

올레12코스

5~6분

← 아쩌수매트

C 벤치

• 꽃밭

• 굴밤   들레인
          하네위
녹화구   7시이분

밟화구

B • 벤치

▲
녹남봉 전망대
정상

7시이분

↑ 나무
계단

신도리   농로
무릉리   1~2분

경작지

A 입구
          • 녹남봉오름 표지판

올레12코스 →조수리

152

정상 뷰 ★★★★　　　T 포인트 숲 산책, 전망　　　난이도 하

탐방로 정비 잘됨　　　추천 사계절　　　특이점 올레12코스

동행 혼자　　　비추천 비 오는 날　　　함께 T 수월봉, 가시오름

Trekking Tip

🛬　정상+분화구 코스

　　(A 녹남봉 농로 입구, B 정상 탐방로 갈림길, C 분화구 둘레 갈림길, D 신도리마을 방향 입구)

　　1. 자동차 이용 시 A→B→정상→C→B→A, 20~30분

　　2. 버스 이용 시 D→C→B→정상→C→D, 20~30분

👁　구럼비낭(까마귀쪽나무)이 반겨주는 오름 초입 계단길은 한여름에 찾아도 쉽게 오름이 가능

　　하고, 정원과 귤밭이 조성된 야트막한 분화구 둘레길도 편안하게 산책이 가능해서 어느 계절

　　에 탐방해도 만족도가 높은 오름으로, 정상 2층 전망대의 전망 또한 훌륭함

★　이색적인 분화구 풍경

🕐　시간 제한 없음

💼　운동화, 식수, 모기 기피제(여름)

🍸　없음

How to Go

📍　서귀포시 대정읍 신도리 808-4

🚗　내비게이션 '대정읍 신도리 808-4'

　　제주시 버스터미널에서 45km, 1시간 / 서귀포 버스터미널에서 33km, 50분

　　목적지 100m 전후 거리에서 내비게이션이 종료되기도 하므로, A지점 농로 입구(녹남봉오름

　　안내판, 올레 사인) 찾아서 갓길에 주차

🚌　신도1리 정류장

　　신도1리 정류장(202, 761-1, 761-2번) 하차 → D지점까지 220m, 도보 2~3분

가시오름

가시악 표고 106.5m **비고** 77m

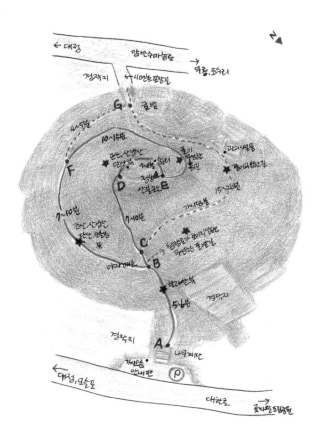

← 대정

알반수마공단

→ 북릉, 조수리

경작지

← 시엔료포장길

묵릉, 조수리

G 굴방

4~5분

10시방

군는 산방산
단산 벚 가세 원터

F

물기 끝전한
흑각

군데내원을

별이대천우강

D 정상 산불감온

15가보면

가시오롬별

7~10분 군는 산방과 단산 모습정 봇

가시방

C 듬벙멍과 보미리 대화
묵앙으로 흐벅건길

아자메트

B

회과든봇

5.6분 경작지

경작지

A 나무계단

경작지

가시오름
안내판 P

← 대정, 모슬포

대한로

곳지광 도왕원 →

154

정상 뷰 ★★★★	**T 포인트** 전망	**난이도** 하
탐방로 정비됨(수풀 주의)	**추천** 11월~3월	**특이점** 평원 같은 정상부
동행 함께	**비추천** 여름, 비 오는 날	**함께 T** 녹남봉, 송악산

Trekking Tip

🏔 **정상 코스, 정상+둘레길 코스**

(A 동북쪽 오름 진입로, B,C 정상, 둘레길 갈림길, D 정상 평원 탐방로, E 정상 산불감시초소, F 둘레길 갈림길, G 서남쪽 오름 진입로)

1. 정상 코스 A→B→C→D→E→D→C→B→A, 40~50분

2. 정상+둘레길 코스(겨울) A→B→C→D→E→F→B→A, 50분~1시간

👁 가볍게 산책하며 주변 조망하기 좋은 오름, 탐방객은 거의 없지만 A-B-C-D구간 오르막 탐방로 정비가 잘 되어 있어서 오르기 쉽고 전망도 좋음. 둘레길 탐방로는 B~F~G구간만 정비되어 있고, 나머지 구간은 수풀이 무성하여 겨울에만 탐방 가능. 여름에는 정상부 평원 탐방로에 띠와 억새, 비수리, 강아지풀 등 수풀이 무성하여 탐방하기 어렵고 진드기 많음

★ 오름 탐방로에서 바라보는 한라산과 주변 오름 풍경

🕐 시간 제한 없음

💼 운동화, 긴바지, 스패츠, 진드기 기피제, 스틱, 모자

🍸 없음

How to Go

📍 서귀포시 대정읍 동일리 1706

🚗 내비게이션 '가시오름'

제주시 버스터미널에서 44.3km, 1시간 / 서귀포 버스터미널에서 28.9km, 40분

목적지 200m 전후 거리에서 내비게이션이 종료되기도 하므로, A지점 계단 입구 찾아서 갓길에 주차(공간 협소)

🚌 가까운 버스 정류장 없어 버스 이용은 불편

대수동 정류장(202, 254, 761-2번) 하차 → G지점까지 1.3km, 도보 15~20분

동일2리 정류장(761-2번) 하차 → A지점까지 1.5km, 도보 15~20분(인도 없음, 차량 주의)

송악산

절울이 표고 104m 비고 99m

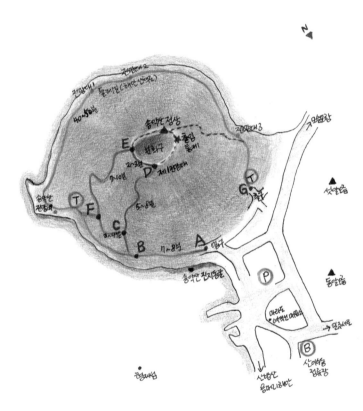

정상 뷰 ★★★★★   **T 포인트** 전망, 둘레길   **난이도** 하

탐방로 정비 잘됨   **추천** 사계절   **특이점** 정상부 자연휴식년

동행 혼자   **비추천** 비 오는 날   **함께 T** 가시오름, 단산

Trekking Tip

🏔 **정상 코스, 둘레길 코스**

(A 송악산 둘레길 진입로, B 해안 산책로 갈림길, C 정상 탐방로 입구, D 제1전망대, E 능선 갈림길, F 오름 탐방로 출구, G 송악산 둘레길 출구)

1. 정상 코스 A→B→C→D→E→F→C→B→A, 30분~40분

2. 둘레길 코스 A→B→해안 둘레길 한바퀴→G, 40~50분

👁 현재 송악산은 제1전망대까지만 오를 수 있고, 정상부 구간은 훼손된 식생 복원을 위해 2027년 7월 31일까지 자연휴식년으로 출입 통제됨. 태풍 부는 날, 여름철 한낮 시간대는 피하는 것이 좋음. 해안 둘레길은 아이들과 산책하기 좋고, 올레10코스를 연이어 트레킹할 수 있음

★ 오름 능선에서 보는 주변 풍광, 해안 둘레길

🕐 시간 제한 없음

💼 운동화, 식수, 모자, 자외선 차단제

🍸 화장실, 주변 편의시설 이용

How to Go

📍 서귀포시 대정읍 상모리 산 2

🚗 내비게이션 '송악산 주차장'

제주시 버스터미널에서 44km, 1시간 / 서귀포 버스터미널에서 29km, 40분

송악산 주차장 이용(무료/ 전기차 충전소 있음)

🚌 산이수동 정류장

산이수동 정류장(752-1, 752-2번) 하차 → A지점까지 600m, 도보 7~8분

우보악

우보오름 표고 301.4m   비고 96m

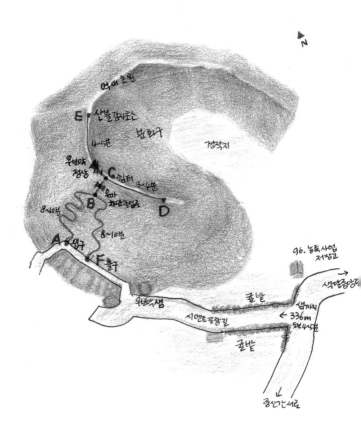

정상 뷰 ★★★★	T 포인트 숲 산책, 전망	난이도 하
탐방로 정비됨(풀 주의)	추천 10월~4월(s가을)	특이점 우보악 샘물
동행 함께	비추천 여름, 비 오는 날	함께 T 대병악, 소병악

Trekking Tip

🏔 **정상+능선 코스**

(A 오름 입구, B 입출구 갈림길, C 능선 쉼터 갈림길, D 분화구 전망 봉우리, E 산불감시초소, F 오름 출구)

A→B→C→D→C→정상→E→C→B→F, 30~40분

👁 중문오프로드 체험장 방향 출입로는 사유지로, 무단 출입 경고문이 붙어 있으므로 이용 자제하고, 색달중앙로 귤농장 사잇길 이용. 삼각점이 있는 정상 봉우리는 나무에 가려 전망이 없지만, 좌우 능선 전망은 아주 좋고, 특히 가을 억새 풍경이 아름다움. 울창한 숲길 탐방로와 오르락내리락 능선 탐방로 모두 걷기 편안하여 아이들과 산책하기도 좋음

★ 산불감시초소 능선에서 보는 한라산과 남서쪽 해안 풍경

🕐 시간 제한 없음

👜 운동화, 식수

🍸 없음

How to Go

📍 서귀포시 색달동 912-1

🚗 내비게이션 '색달중앙로 129번길 101-3'

제주시 버스터미널에서 39km, 50분 / 서귀포 버스터미널에서 11km, 20분

96. 농특사업저장고 건물 주변 공터에 주차 → 귤밭 사잇길로 A지점까지 500m, 도보 5~6분

🚌 가까운 버스 정류장 없어 버스 이용은 불편

색달동 정류장(531, 532, 633, 5005, 5006번) 하차 → A지점까지 2km, 도보 25~30분, 인도가 없으므로 도로 갓길 이용하고, 차량 주의

민오름 오라이동

표고 251.7m **비고** 117m

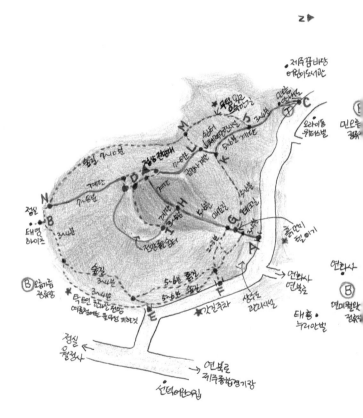

정상 뷰 ★★★★ **T 포인트** 숲 산책, 전망 **난이도** 중
탐방로 정비 잘됨 **추천** 사계절 **특이점** 도심 산책로
동행 혼자 **비추천** 비 오는 날 **함께 T** 광이오름, 도두봉

Trekking Tip

🏔 **정상 코스, 둘레길 코스**

(A 연화사 방향 북쪽 출입로, B 정실 방향 남쪽 출입로, C 꿈바당어린이도서관 방향 출입로, D 정상(전망대, 체력단련시설), E,F 민오름 둘레길 출입로, G 정상, 둘레 데크길 갈림길, H 정상 탐방로 갈림길, I 전망 쉼터 갈림길, J 정상, 둘레길 갈림길, K 체력단련시설 쉼터 갈림길, L 정상 계단 아래 갈림길, M 둘레길 갈림길, N 정상, 둘레길 갈림길)

1. 정상 코스 B→N→D(10분) or A→G→H→D(10분) or C→J→K→L→D(15분)

2. 둘레길 코스 A→G→K→L→M→N→B→E→G→A, 30~40분

👁 도심에 위치, 인근 마을 주민들이 즐겨 찾는 오름으로, 갈림길이 많지만 구간이 짧고 모두 연결되므로 이용하기 편리한 탐방로 선택. M-N-E-F구간 숲길이 특히 아름답고 걷기 좋음

★ 전망대에 올라 바라보는 제주 도심 풍경과 한라산

🕐 시간 제한 없음

👜 운동화, 식수, 모기 기피제(여름)

🍸 화장실, 주변 도심 편의시설 이용

How to Go

📍 제주시 오라이동 산 28-1

🚗 내비게이션 '민오름(오라이동)'

제주시 버스터미널에서 3.7km, 15분 / 서귀포 버스터미널에서 48km, 1시간

뜨또는 A지점에서 내비게이션 종료, E-F-A 주변 갓길에 주차

오름 주변이 도심이라 다른 방향은 주차하기 어려움

🚌 연미뭘왓/제주복십자의원 입구 정류장 or 민오름 정류장

연미뭘왓/제주복십자의원 입구 정류장(270, 320, 367, 369, 472, 477번) 하차 → A지점까지 400m, 도보 5분

민오름 정류장은 연미뭘왓과 정차 버스가 같고 한 정거장 차이므로 연미뭘왓에서 하차하여 A지점으로 진입하는 것이 편함

검은오름

표고 438.8m **비고** 129m

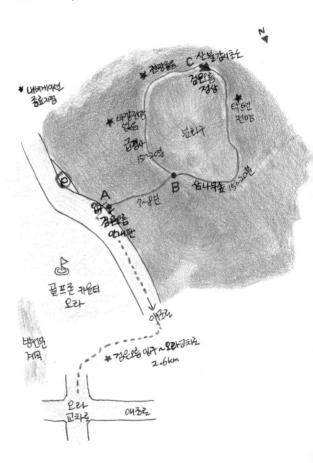

* 내비게이션 종료지점

* 전망좋음   C 산불감시초소
                    검은오름 정상

* 바깥전망 닫음   * 탁 트인 전망
  급경사 15~20분

        분화구

                B 삼나무숲 15~20분

O

A
검은오름   7~8분
입구
안내판

골프존 카운티
오라

        애조로

방연문 레락

* 검은오름 입구 ~ 오라교차로
  2.6km

오라   애조로
교차로

정상 뷰 ★★★★ | **T 포인트** 전망 | **난이도** 중
탐방로 정비 잘됨 | **추천** 10월~4월 | **특이점** 오라골프장 경계지역
동행 함께 | **비추천** 여름, 비 오는 날 | **함께 T** 열안지오름

Trekking Tip

🛫 **정상+분화구 둘레 능선 코스**

(A 검은오름 입구, B 정상, 삼나무숲 삼거리 갈림길 C 정상 산불감시초소)

A→B(삼나무숲으로 직진)→C→B→A, 50분~1시간

👁 정상으로 오르는 탐방로는 어디로든 경사가 심해 힘들지만, 삼나무숲으로 돌아 올라가는 길이 전망도 좋고 쉬엄쉬엄 오를 수 있음. 정상 산불초소는 서쪽과 동쪽 전망이 나무에 가려 답답하지만, 북쪽 도심 뷰와 남쪽 한라산 뷰는 탁 트여 있어 어느 오름에서도 볼 수 없는 멋진 풍광을 감상할 수 있음. 정상 능선에서 내려다보는 분화구의 울창한 숲 풍경 또한 경이로움. 힘들게 오른 만큼 여유 있게 머물다 내려오기

⭐ 정상에서 보는 제주 도심 뷰

🕐 시간 제한 없지만 인적이 드문 곳이라 늦은 시간은 피할 것

👜 트레킹화, 스틱, 식수

🍸 없음

How to Go

📍 제주시 연동 산 110-1

🚗 **내비게이션 '검은오름(연동)'**

제주시 버스터미널에서 7.2km, 25분 / 서귀포 버스터미널에서 48 km, 1시간

검은오름 입구에서 400~500m 더 직진하여 내비게이션이 종료되므로, 목적지 종료 500m 전부터 서행하면서 우측에 있는 검은오름 탐방로 입구(산불조심, 진드기 예방수칙 현수막, 탐방 안내도)도 체크하고 정차 → 오름 출입로 주변 갓길(트레킹맵 참조)에 주차

🚌 **가까운 버스 정류장 없음**

열안지오름 오라이동 **여난지** 표고 583.2m 비고 113m

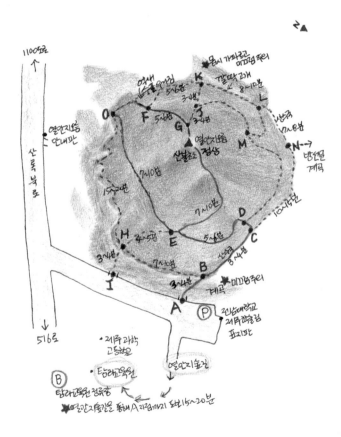

정상 뷰 ★★	T 포인트 숲 산책	난이도 중
탐방로 정비됨(수풀 주의)	**추천** 11월~3월	**특이점** 계곡
동행 함께	**비추천** 5월~9월	**함께 T** 검은오름, 삼의봉

Trekking Tip

🏔 정상 코스, 둘레길 코스

(A」 오름 출입로, B,C,H,O 둘레길 갈림길, D,F 정상, 둘레길 갈림길, E 사거리 갈림길, G 정상 능선 갈림길, J,M 능선 숲길 갈림길, K,L 깔딱고개 갈림길, N 방선문계곡 갈림길)

1. 정상 코스 A→B→C→D→E→O→F→G→정상→E→H→ㅣ, 40~50분

2. 둘레길 코스 A→B→H→O→K→L→N→C→B→A, 1시간~1시간 20분

👁 계곡 주변에 참나무가 많아 낙엽 지는 가을에는 계곡 탐방로가 몹시 미끄러우니 조심. 갈림길 이 많고, 이정표가 없으므로 트레킹맵으로 이동 경로를 사전에 체크하고 트레킹. K~L구간은 몹시 경사지고 험한 흙길로, 오르내리기가 어려우니 이용 자제. 방선문 계곡에서 오르는 탐방 로도 좋으나, 사유지 구간이므로 주의 요망. 열안지오름 안내판 옆 진입로는 농경지를 통과해 야 하고, 오름 출입로 찾기가 어려우니 A 또는 ㅣ를 이용

★ 열안지 계곡의 단풍

🕐 시간 제한 없지만 숲이 울창하니 늦은 시간은 피할 것

👜 트레킹화, 스패츠, 스틱, 식수

🍸 없음

How to Go

📍 제주시 오라이동 산 97

🚗 내비게이션 '제주시 오라이동 산 40-2'

제주시 버스터미널에서 14km, 30분 / 서귀포 버스터미널에서 44.3km, 50분

A지점 근처 넓은 공터에 주차

🚌 **탐라교육원 정류장**

탐라교육원 정류장(475번) 하차 → 탐라교육원 도로 진입 → 오른쪽 한천 방향, 열안지숲길로 진입 → 숲길 따라 A지점까지 도보 15~20분 (열안지숲길은 탐라교육원과 과학고등학교 밑자 락으로 이어지는데, 과학고등학교 숲길 지난 다음, 넓은 길로 빠져나와서 열안지오름 방향으로 곧장 직진)

큰바리메오름

표고 763.4m **비고** 213m

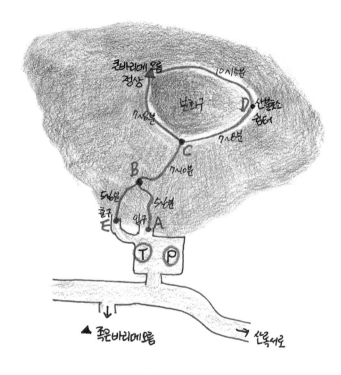

큰바리메오름
정상

분화구

10시15분

7시6분

D 산불초소
쉼터

7시8분

C

7시0분

B

5시6분

5시8분

흘러

E

입구

A

T P

▲ 족은바리메오름

→ 산록서로

정상 뷰 ★★★★	**T 포인트** 전망	**난이도** 중
탐방로 정비됨	**추천** 9월~4월	**특이점** 오름 진입로 혼잡
동행 함께	**비추천** 비 오는 날	**함께 T** 족은바리메오름

Trekking Tip

🏔 **정상+분화구 둘레길 코스**

(A 오름 입구, B 오름 출구, 정상 오르막 갈림길, C 분화구 둘레 순환로 갈림길, D 산불초소 쉼터,
E 오름 출구)

A→B→C→D→정상→C→B→E→주차장, 50분~1시간

👁 오름 입구에서부터 급경사 오르막이 시작되어 몹시 힘들지만, 능선이 가까워질수록 탐방로가
완만해서 걷기 좋음. C지점에서 좌우로 나뉘는 둘레길 순환 코스는, 오른쪽은 탁 트인 풀밭길
로 전망이 좋고, 왼쪽은 비탈진 숲길로 전망이 답답한 편이나 정상 전망은 좋음. 특히 D지점
쉼터의 전망이 아주 좋음. 최근 바리메오름 주변에 멧돼지가 종종 출현하고 있어서 주의 요망

★ 바리메 분화구와 새별오름 뷰

🕐 시간 제한 없지만, 어두워지면 위험하니 야간에는 탐방 자제

💼 트레킹화, 스틱, 식수, 모자, 아이젠(동절기 눈길 산행 시)

🍸 화장실

How to Go

📍 제주시 애월읍 어음리 산 21

🚗 내비게이션 '바리메오름 주차장' or '바리메 주차장'

제주시 버스터미널에서 23km, 35분 / 서귀포 버스터미널에서 32km, 40분
바리메 주차장 이용(무료)
산록서로에서 바리메로 진입하는 1.9km구간 도로 폭이 좁고, 혼잡하므로 맞은편 차량 주의

🚌 **가까운 버스 정류장 없음**

족은바리메오름

표고 725.8m **비고** 126m

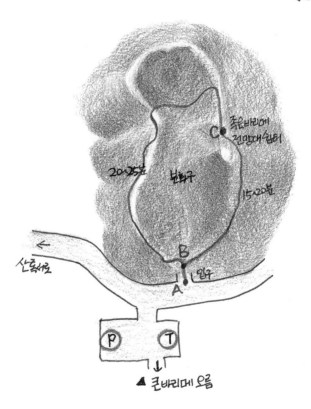

◀ z

족은바리메
C● 전망대쉼터

20~25도

분화구

15~20도

산록서로

B

A● 입구

P T

▲ 큰바리메 오름

정상 뷰 ★★   T 포인트 숲 산책   난이도 중

탐방로 정비됨(수풀 주의)   **추천** 봄, 가을   **특이점** 오름 진입로 혼잡

동행 반드시 함께   **비추천** 비 오는 날   **함께 T** 큰바리메오름

Trekking Tip

🏔 **정상+분화구 둘레길 코스**

    (A 오름 입구, B 둘레길 갈림길, C 전망대 쉼터)

    A→B→C→A, 40~50분

👁 오른쪽 능선을 타고 올라서, 전망대 쉼터에 들러 왼쪽으로 돌아 내려오는 코스로, 오른쪽 구
    간의 경사가 심하고, 수풀이 우거져 오름이 쉽지 않음. 탐방로 바닥은 오래전 깔아 놓은 고무
    매트가 여전히 남아 있는데, 물에 젖으면 미끄러우니 주의하고, 전망대 쉼터의 벤치는 낡아서
    부서질 수 있으니 주의. 최근 바리메오름 탐방로 주변에 멧돼지와 들개가 종종 출현하고 있으
    니 조심하고 반드시 함께 탐방하기

★ 다양한 수종의 활엽수림이 아름다운 숲길

🕐 시간 제한 없으나, 숲이 울창하여 늦은 시간은 피할 것

🧳 트레킹화, 스틱, 식수, 아이젠(동절기 눈길 산행 시)

🍸 큰바리메오름 화장실

How to Go

📍 제주시 애월읍 상가리 산 124

🚗 **내비게이션** '바리메오름 주차장' or '바리메 주차장'

    제주시 버스터미널에서 23km, 35분 / 서귀포 버스터미널에서 32km, 40분

    바리메 주차장 이용(무료)

    산록서로에서 바리메로 진입하는 1.9km구간 도로 폭이 좁고, 혼잡하므로 맞은편 차량 주의

🚌 **가까운 버스 정류장 없음**

새별오름

표고 519.3m **비고** 119m

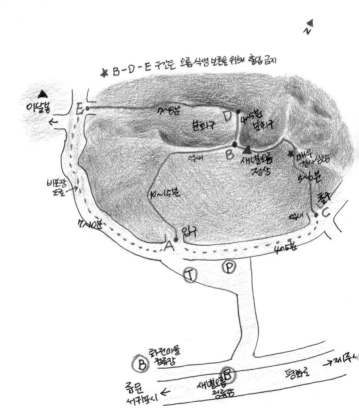

★ B-D-E 구간은 오름 식생 보존을 위해 출입 금지

이달봉

E

7~8분
분화구 D 4~5분 남라가

역새 B 새별오름 정상

비포장 10~15분 매우 경사심함 5~6분
도로

12~10분 역새 C 중간

입구 A 4~5분

T P

B 라전마을 정류장

중문 새별오름 B 평화로 구제주시
서귀포시 정류장

170

정상 뷰 ★★★★★	**T 포인트** 전망, 억새	**난이도** 중
탐방로 정비 잘됨	**추천** 9월~4월	**특이점** 분화구 출입 금지
동행 혼자	**비추천** 여름, 비 오는 날	**함께 T** 이달오름, 가메오름

Trekking Tip

 **정상 코스**

(A 오름 입구, B 분화구 방향 진입로, C 주차장 우측 오름 출입로, D 분화구 방향 봉우리, E 이달봉 방향출입로)

A→B→정상→C, 30~40분

👁 현재 B~D~E 분화구 구간은 오름 식생 보존을 위해 출입이 금지된 상태이고, 정상 탐방로는 연중 수많은 탐방객으로 몸살을 앓고 있어서 최대한 발길을 자제하는 노력이 필요함

새별오름 탐방로는 그늘이 없어 한낮은 피하는 것이 좋고, 정상은 물론 주차장 방향 오름 사면 전체가 억새로 가득하여 가을에 찾으면 만족도가 높음. 오르막 구간의 경사가 몹시 심한 편이고, B~C 급경사 구간은 대단히 미끄러워서 위험하기 때문에 특히 비 오는 날이나 강풍 부는 날 탐방은 피하기

새별오름의 분화구를 오롯이 감상하려면 이달봉 능선에 올라 관찰해보면 좋음

★ 억새로 출렁이는 정상 능선 탐방로

🕐 시간 제한 없음

👜 운동화, 식수, 모자, 자외선 차단제

🍸 화장실, 푸드 트럭 이용

How to Go

📍 제주시 애월읍 봉성리 산 59-8

🚗 내비게이션 '새별오름'

제주시 버스터미널에서 23km, 40분/ 서귀포 버스터미널에서 25km, 35분

새별오름 주차장 이용(무료)

🚌 **새별오름 정류장 or 화전마을 정류장**

새별오름 정류장(251~255, 282, 901번) 하차 → 새별오름 주차장까지 670m, 도보 7~8분, 새별오름 정류장은 서귀포 방면만 있으니 제주시 방면 버스는 화전마을 정류장 이용(1.7km거리, 도보 20~25분)

이달오름

이달봉 표고 488.7m **이달이촛대봉** 표고 456m
비고 119m 비고 86m

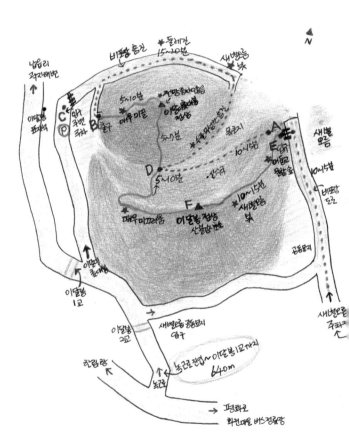

납읍리
곽지해변

이달봉
표지석

비짱 촘건

★돌레건
15~20분

★새병롬
뜻

5시0분 ★전망좋지않음

어욱미밀

★이달이촛대봉
정상

5시0분

이달봉표지석

C

P 왕자
국면
국자

B 출구

새병
오롬

A

D
5시0분

10시5분

E 어필
왕초

★매우미끄러움

10시15분
F ★새병롬
뜻

이달봉 정상
산물상 편지

10시5분
비짱
도르

공동묘지

새병오롬
국자

이달이 콜대밟

이달봉
1교

이달봉
2교

새병오롬 공동묘지
영구

한림항

농크

녹크전겁~이달봉1교까지
640m

평화로
화전마을 버스정류장

정상 뷰 ★★★

탐방로 정비됨(솔잎 주의)

동행 함께

T 포인트 새별오름 전망

추천 10월~5월

비추천 여름, 비 오는 날

난이도 중

특이점 이달이촛대봉 관리 안 됨

함께 T 새별오름, 가메오름

Trekking Tip

🛫 **이달봉 정상 코스, 이달봉 정상+둘레길 코스**

(A 이달봉 둘레길 입구(오른쪽 통로), E 이달봉 정상 탐방로 입구(왼쪽 통로), B 이달이촛대봉 입출구, C 이달이촛대봉 출입로, D 이달봉, 이달이촛대봉 갈림길, F 이달봉 정상 산불감시초소)

1. 이달봉 정상 코스 A→D→F→E, 30~40분

2. 이달봉 정상+둘레길 코스 C→D→F→E→A→D→C, 1시간~1시간 20분

👁 이달이촛대봉은 정상의 나무들이 자라 전망이 점점 없어지는 중이고, 인적이 드문 탐방로에 는 수풀이 우거지고 쌓여가는 솔잎 바닥이 미끄러워서 각별히 주의가 필요함.

이달이촛대봉은 정상 탐방보다는 둘레길을 선택하고, 이달봉 정상과 둘레길 함께 트레킹.

여름에는 수풀과 진드기 위험이 높아 출입을 자제하고 겨울부터 이른 봄까지의 탐방 추천.

새별오름 분화구는 이달봉 능선과 이달이촛대봉 둘레길에서 조망해볼 수 있음

★ 이달이촛대봉 둘레길, 이달봉 능선에서 바라본 새별오름

🕐 시간 제한 없지만, 숲이 우거져서 늦은 시간은 피할 것

💼 트레킹화, 긴바지, 스패츠, 진드기 기피제, 스틱, 식수

🍸 새별오름 화장실 이용

How to Go

📍 제주시 애월읍 봉성리 산 71-1

🚗 내비게이션 '이달이촛대봉' or '새별오름 주차장'

제주시 버스터미널에서 25km, 45분/ 서귀포 버스터미널에서 26km, 35분

이달봉1교 옆 샛길 진입, C지점 주차(내비게이션은 이달봉 표지석 근처로 안내)

새별오름 주차장 왼편에서 이달봉 입구까지 차량으로 접근이 가능하나, 도로 상태가 좋지 않으므로 도보 이동이 좋고, 차량 이동 시 C지점 출입로를 이용하면 편리함

🚐 새별오름 정류장(새별오름 버스 정보 참조)

새별오름 주차장 → 이달봉 A지점까지 860m, 도보 10~15분

정물오름

정수악 표고 466.1m 비고 151m

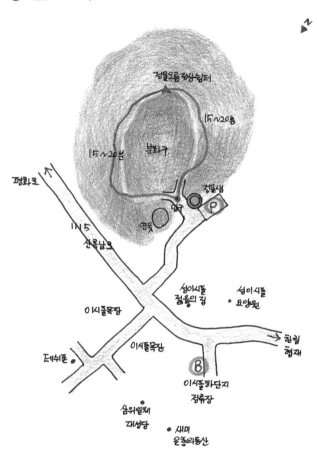

정물오름 정상쉼터

15~20분

15~20분

분화구

평화로

산록남로

1115

연못

알구

정물샘

P

성이시돌
정용의 길

성이시돌
요양원

이시돌목장

이시돌목장

한림
협재

데쉬폰

B

이시돌하단지
정류장

삼위일체
대성당

새미
은총의동산

정상 뷰 ★★★★★　　　　　**T 포인트** 전망　　　　　**난이도** 중

탐방로 정비됨(계단 주의)　　**추천** 9월~5월　　　　**특이점** 정물샘

동행 혼자　　　　　　　　**비추천** 여름, 비 오는 날　　**함께 T** 당오름, 족은대비악

Trekking Tip

🏔 **정상+분화구 둘레 코스**

정물오름 입구→왼쪽 방향 탐방로→정상 쉼터→오른쪽 계단으로 하산, 30~40분

👁 정물샘 입구 갈림길에서 좌우 어느 쪽으로 올라도 상관없지만, 오른편 길은 경사진 계단 숲길

이고, 왼편은 완만하고 탁 트인 풀밭이므로 왼쪽으로 오르는 편이 수월함

그늘이 없어 여름이나 한낮 시간대는 피하는 것이 좋고, 계단길은 낡아서 일부 위험 구간이

있으므로 조심하기

★ 능선에서 조망해보는 주변 풍경

🕐 시간 제한 없음

👜 운동화, 모자, 식수, 진드기 기피제, 자외선차단제

🍸 없음, 성이시돌목장 편의시설 이용

How to Go

📍 제주시 한림읍 금악리 산 52-1

🚗 **내비게이션 '정물오름 주차장'**

제주시 버스터미널에서 32km, 50분 / 서귀포 버스터미널에서 25km, 35분

정물오름 주차장 이용(무료)

🚐 **이시돌하단지 정류장**

이시돌하단지 정류장(783-2번) 하차 → 정물오름 입구까지 840m, 도보 10분

인도가 없고, 차량 통행이 많은 도로이므로 이동 시 차량 주의하기

당오름 동광리

표고 473m **비고** 118m

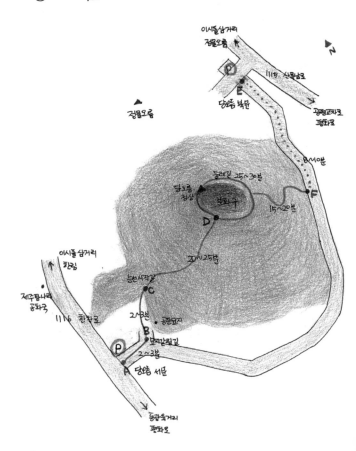

이시돌삼거리
정물오름

정물오름

P

1115 산록남로

E
당오름 북문

꽃좀교차로
평화로

B어앙

등러리 25~30분

당오름
정상

북화구

D

15~20분

F

이시돌삼거리
한림

30~25분

제주참나라
공화국

1116 한창로

능선시작길

C

2~3분

공동묘지

B

모깐마흭길

P

2~3분

A 당오름 서문

동광육거리
평화오

176

정상 뷰 ★★★★★	**T 포인트** 전망	**난이도** 중
탐방로 정비 안 됨	**추천** 10월~4월	**특이점** 금당목장 사유지
동행 함께	**비추천** 비 오는 날	**함께 T** 정물오름, 족은대비악

Trekking Tip

🏔 **정상+분화구 둘레길 코스**

(A 당오름 서문, B 묘지 앞 갈림길, C 정상 탐방로 입구, D 분화구 둘레 갈림길, E 당오름 북문, F 당오름 진입 지점)

A→B→C→D→정상→분화구 둘레길 한바퀴→D→C→B→A, 50분~1시간

👁 당오름은 금당목장조합의 사료생산 및 가축을 방목하는 사유지로, 당오름 정상 탐방은 자유 롭게 이용 가능하지만 둘레길 목장 탐방로는 사전 협의 후 출입 가능

당오름 북문은 방역상 출입 금지된 상태이고, 북문 근처 공터는 사유지로 주차가 불가능하므 로 당오름 서문(A지점) 앞에 주차하고 트레킹, 그늘이 전혀 없는 오름이라 여름이나 한낮 시 간대는 피하는 것이 좋고, 해질녘 노을을 감상하며 여유 있게 트레킹해도 좋음

★ 주변 풍광을 만끽하며 분화구 둘레 능선 한바퀴

🕐 시간 제한 없음

💼 운동화, 스패츠, 진드기 기피제, 식수, 자외선 차단제

🍸 없음, 성이시돌목장 편의시설 이용

How to Go

📍 서귀포시 안덕면 동광리 산 68-1

🚗 **내비게이션 '당오름(안덕면 동광리)'**

제주시 버스터미널에서 30km, 45분 / 서귀포 버스터미널에서 21km, 30분

A지점 당오름 서문 주차장 이용

내비게이션이 목적지와 상이하게 안내할 경우, '제주탐나라공화국'에서 820m 직선 거리에 위 치하므로 트레킹맵 참조하여 이동하기(오름 입구에 금당목장 안내문 있음)

🚌 **가까운 버스 정류장 없어서 버스 이용은 불편**

이시돌 삼거리 정류장(783-1, 783-2번) 하차 → A지점까지 2.4km, 도보 30분(인도 없음)

왕이메오름

왕이악 표고 612.4m **비고** 92m

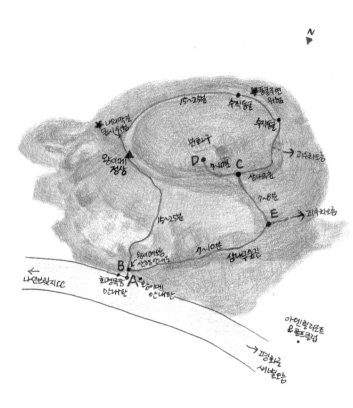

정상 뷰 ★★　　　　　**T 포인트** 분화구 탐방　　　　**난이도** 중

탐방로 정비됨　　　　　**추천** 10월~4월　　　　　　**특이점** 호명목장 사유지

동행 혼자　　　　　　　**비추천** 여름, 비 오는 날　　　**함께 T** 족은대비악

Trekking Tip

🏔 정상+능선 숲길 코스, 분화구 코스

1. 정상+능선 숲길 코스 A→B→정상→수직동굴→C→E→B→A, 50분~1시간

2. 분화구 코스 A→B→E→C→D→C→E→B→A, 45분~55분

👁 왕이메오름은 호명 목장 사유지로, 제주도민과 관광객을 위해 부분적으로 개방한 곳이므로, 승인된 등산로로만 통행하고 탐방 시간 엄수하기

탐방로는 자연 그대로의 흙길이라 흙이 흘러내리고 패일 수 있으니 스틱 사용은 자제하고, 비 오는 날 탐방은 피하기. 수직동굴 주변은 몹시 위험하므로 각별히 조심하고, 안전상 반려동물은 동행하지 않기. 분화구로 내려가는 길은 이정표가 없으므로 삼나무숲에서 분화구 쪽으로 이어진 탐방로를 찾아서 내려가야 하고, 비탈진 통로는 비좁고 미끄러우니 조심하고, 수풀이 우거져 있으므로 여름철엔 반드시 긴바지 착용하기

⭐ 깊이 100미터의 원형 분화구 탐방

🕘 09:00~17:00(~15:30분까지만 입산)

🧳 트레킹화, 긴바지, 스패츠, 진드기 기피제, 식수

🍸 없음, 새별오름 화장실 이용

How to Go

📍 서귀포시 안덕면 광평리 산 79

🚗 내비게이션 '왕이메오름 입구'

제주시 버스터미널에서 26km, 35분 / 서귀포 버스터미널에서 25.6km, 30분

왕이메오름 입구 주변 갓길에 주차(공간 협소 / 통행 차량 주의)

🚐 화전마을 정류장

화전마을 정류장(251~254번, 282번) 하차 → 왕이메 입구까지 1.8km, 도보 25분(인도가 없고 차량 통행이 많은 도로이므로 각별히 차량 주의)

족은대비악

대비오름 표고 541.2m **비고** 71m

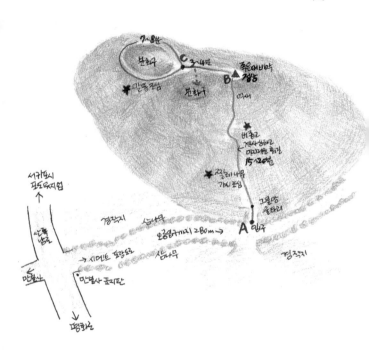

족은대비악 541.5

A 입구

C 3~4분

B

7~8분
분화구

★ 만행오름

분화구

억새

★ 비고로
경사심하고
마그마의 흔적
15~20분

★ 찔레나무
가시조심

그물망 울타리

서귀포시
포도육지업

산불
감시초

만벵디

경작지

삼나무

→ 시멘트 포장도로

→ 오름길까지 280m →

삼나무

경작지

만벵디 공지단

평화로

정상 뷰 ★★★★★   **T 포인트** 전망   **난이도** 중
탐방로 정비 안 됨(가시덤불)   **추천** 11월~3월   **특이점** 쌍둥이 분화구
동행 혼자   **비추천** 여름, 비 오는 날   **함께** T 왕이메오름

Trekking Tip

🏔 **정상 코스, 정상+분화구 둘레길 코스**

(A 오름 입구, B 족은대비악 정상, C 분화구 둘레 갈림길)

1. 정상 코스 A→B→A, 30~40분

2. 정상+분화구 둘레길 코스 A→B→C→분화구 둘레 한바퀴→C→B→A, 50분~1시간

👁 오름 정상의 파노라마 뷰를 감상하기 위해서는 대가를 톡톡히 치러야 하는 오름으로, 탐방로가 정비되지 않은 자연 그대로의 비탈길을 오르는 것이 결코 만만치 않음

특히 내리막길을 조심해야 하는데, 억새와 찔레 줄기를 잡고 미끄러지듯 내려와야 하므로, 가시 덤불에 옷이나 피부가 상할 염려가 있으니 각별히 조심하기

오름 정상은 말을 방목하여 능선 천지가 말똥이므로 발 딛을 때 주의하기

⭐ 정상에서 360도 파노라마 뷰로 주변 경관 감상하기

🕐 시간 제한 없지만, 탐방로가 몹시 험하므로 늦은 시간은 피할 것

💼 트레킹화, 장갑, 긴바지, 긴소매, 스패츠, 진드기 기피제, 모자, 자외선 차단제

🏆 없음

How to Go

📍 서귀포시 안덕면 광평리 산 59

🚗 내비게이션 '족은대비악'

제주시 버스터미널에서 27km, 40분 / 서귀포 버스터미널에서 23km, 30분

A지점 주변에 주차하거나 산록남로에서 우회전하자마자 갓길 주차

A지점을 찾지 못할 경우, 산록남로에서 만불상 안내판을 찾아 진입 → A지점까지 280m

🚌 **금악입구 정류장(제주시 → 서귀포 방향) or 광평교차로 정류장(서귀포 → 제주 방향)**

금악입구 정류장(251~254번, 282번) 하차 → A지점까지 1.5km, 도보 20분

광평교차로 정류장(251~254번, 282번) 하차 → A지점까지 1.4km, 도보 20분(인도 없음)

대병악

여진머리오름 표고 491.9m **비고** 132m

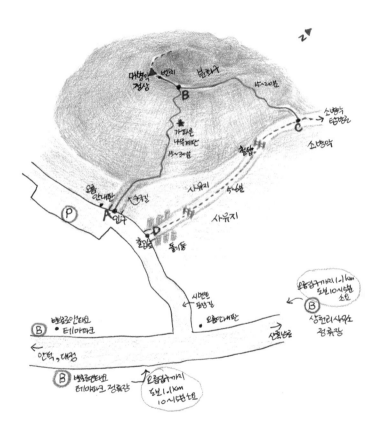

북
대병악
정상
빈치
불칸나
B
15~20분
소병악
탐방안내
C
소병악
가파른
나무계단
15~30분
출답
사유지
4~6분
오름
안내판
순환길
사유지
P
인구
출입구
돌기둥
시멘트
포장길
오름안내판

오름입구까지 1.1km
도보 10시15분
소요
B
상천리사우소
정류장

벙글로인타요
테마파크
B

안덕, 대정

B
벙글로인타요
테마파크 정류장

오름입구까지
도보 1.1km
10시15분소요

산록남로

182

정상 뷰 ★★★★　　　　　**T 포인트** 전망　　　　　**난이도** 중

탐방로 정비됨(계단 조심)　　**추천** 9월~5월　　　　　**특이점** 소병악과 쌍둥이 오름

동행 함께　　　　　　　　　**비추천** 비 오는 날　　　**함께 T** 소병악

Trekking Tip ──────────────────

🏔 **정상 코스**

　(A 대병악 입구, B 대병악 정상 갈림길, C 대병악, 소병악 갈림길, D 돌기둥 중간 출입로)

　A→B→정상→B→A, 30~50분 or D→C→B→정상→C→D, 40~50분

👁 과거 대병악, 소병악 출입로였던 돌기둥 중간 풀밭길은 사유지로, 최근 A지점으로 출입하는
　탐방로가 새로 정비되었으나, 대병악 정상까지 이어진 낡은 목재 계단길이 가파르고 위험하
　므로, D~C구간 사유지의 출입을 통제하기 전까지는 D~C구간을 이용하여 정상에 오르는
　것이 수월함. A~B구간의 오르막 계단 이용할 때는 낡아서 위험하므로 각별히 조심하기

★ 넉넉한 정상 벤치에서의 풍경놀이

🕐 시간 제한 없음

🧳 운동화, 스틱, 식수

🍸 없음

How to Go ──────────────────

📍 서귀포시 안덕면 상창리 산 2-1

🚗 **내비게이션** '대병악' or '상천리 사무소'에서 800미터 직진

　제주시 버스터미널에서 32km, 45분 / 서귀포 버스터미널에서 18km, 30분

　A지점 앞 공터에 주차(내비게이션이 주차 지점까지 안내하지 않으므로 트레킹맵 참조)

　대병악, 소병악 입구는 '상천리 사무소'와 '뽀로로앤타요 테마파크' 중간 지점에 위치

　상천리 사무소와 테마파크는 총 1.3km 거리인데, 상천리 사무소에서 테마파크 방향으로 800

　미터 직진하여 우회전(도로 입구에 오름 탐방 안내 표지판 있음)

🚌 **뽀로로타요 테마파크 정류장** or **상천리 사무소 정류장**

　뽀로로타요 테마파크(752-1, 752-2번) 정류장 하차 → A지점까지 1.1km, 도보 15분

　상천리사무소 정류장(752-1, 752-2번) 정류장 하차 → A지점까지 1.1km, 도보 15분

　인도 없고 도로 갓길(풀밭)로 이동해야 하므로, 통행 차량 주의

소병악

죽은오름 표고 473m **비고** 93m

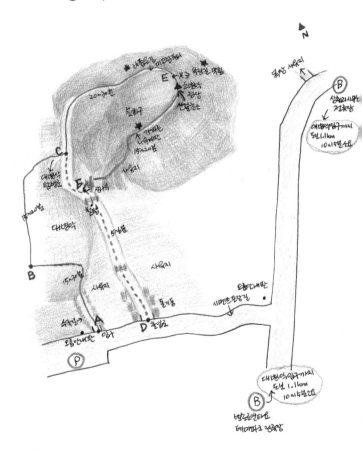

정상 뷰 ★★★★	T 포인트 전망	난이도 중
탐방로 정비됨(계단 조심)	추천 9월~5월	특이점 대병악과 쌍둥이 오름
동행 함께	비추천 비 오는 날	함께 T 대병악

Trekking Tip

🔺 **소병악 코스, 대병악+소병악 코스**

(A 대병악 입구, B 대병악 정상 갈림길, C 대병악, 소병악 갈림길, D 돌기둥 중간 출입로, E 소병악 정상, 목장길 갈림길, F 철탑 출입로로 옆 소병악 출구)

1. 소병악 코스 D→F→C→E→F→D, 45분~1시간

2. 대병악+소병악 코스 D→F→C→B→C→E→F→D, 1시간 20분~1시간 40분
or A→B→C→E→F→C→B→A, 1시간 40분~2시간

👁 대병악과 소병악은 분화구 모양과 오름 생김이 닮은 쌍둥이 오름으로, 대병악은 정상에 벤치가 있어서 여유롭게 머물기 좋은 반면, 오르는 길이 단조롭고 분화구를 살펴볼 수 없어 아쉬운데, 소병악은 정상 쉼터는 없지만 오르는 길에 분화구를 살펴볼 수 있고, 탐방로가 다채롭고 주변 전망도 멋져서 두 오름을 함께 트레킹하면 좋음

상천리사무소 정류장 옆 → E지점까지의 목장길이 사유지로 막혀 있으므로, D지점 돌기둥 통로를 이용하거나 A지점 대병악 탐방로를 통해서 소병악으로 접근하기

★ C지점에서 바라보는 소병악의 아름다운 분화구(특히 가을)

🕐 시간 제한 없지만, 능선길 비좁고 위험하니 늦은 시간은 피할 것

🎒 트레킹화, 스틱, 식수

🍸 없음

How to Go

📍 서귀포시 안덕면 상창리 산 2-1

🚗 내비게이션 '대병악' or '상천리 사무소'에서 800미터 직진

제주시 버스터미널에서 32km, 45분 / 서귀포 버스터미널에서 18km, 30분

A지점 앞 공터에 주차(대병악과 동일, 세부 정보 대병악 참조)

🚌 대병악 버스 정보 동일

영아리오름

서영아리 표고 693m   비고 93m

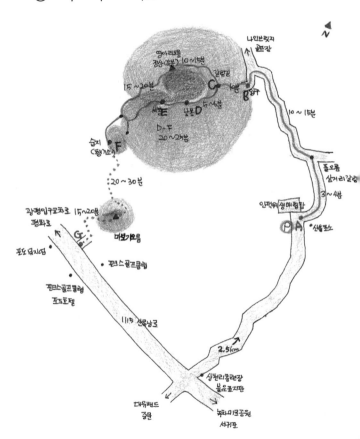

정상 뷰 ★★★★	**T 포인트** 전망	**난이도** 중
탐방로 정비 안 됨	**추천** 10월~4월	**특이점** 습지(행기소)
동행 함께	**비추천** 여름, 비 오는 날	**함께 T** 마보기오름

Trekking Tip

🔭 정상 코스, 정상+습지 코스

(A 안덕위생매립장, 영아리오름 출입로, B 영아리오름 입구, C 정상 탐방로 갈림길, D 남쪽 봉우리, E 서쪽 봉우리, F 습지, G 마보기오름 출입로)

1. 정상 코스 A→B→C→D→C→B→A, 50분~1시간

2. 정상+습지 코스 A→B→C→D→E→F→북봉→C→B→A, 1시간 40분~2시간

👁 북쪽 봉우리는 수풀에 둘러싸여 삼각점만 겨우 보일 뿐 주변 전망 전혀 없음

정상에서 습지로 내려가는 길은 몹시 험하고 탐방로가 뚜렷하게 보이지 않으므로 나무에 묶인 길잡이띠 참고하여 이동하고, 해가 지면 위험하니 일몰 전에 트레킹을 마치는 것이 좋음

습지만 보고 싶다면 G지점 마보기오름 출입로를 이용하여 G→F→G순으로 트레킹

A지점에서 B지점까지 임도를 따라 자동차 출입 가능하지만 좁아서 불편함

⭐ 정상 능선에 우뚝 선 쌍바위와 한라산 뷰

🕐 시간 제한 없지만, 인적 드문 곳이니 늦은 시간은 피할 것

💼 트레킹화, 긴바지, 긴소매, 스패츠, 스틱, 장갑, 모자, 식수, 간식

🍸 없음, 핀크스 GC 편의시설 이용

How to Go

📍 서귀포시 안덕면 상천리 산 24

🚗 내비게이션 '안덕면 산록남로 687'

제주시 버스터미널에서 34.7km, 50분 / 서귀포 버스터미널에서 18km, 35분

안덕위생매립장 앞 공터에 주차 → 산불초소 앞 임도로 영아리오름 입구까지, 도보 15~20분

🚌 가까운 버스 정류장 없음

마보기오름

마복이 표고 559.7m **비고** 45m

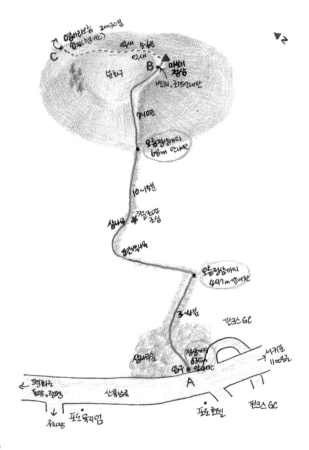

영아리오름 20~30분
C 양지(하방거리)

억새 누운새

억새

B 마보기 정상

비지, 구멍없어판

남라구

7~10분

오름정상까지
68m 안내판

10~15분

삼나무
정금약 군심

편백나무

오름정상까지
497m 안내판

3~4분

편크스GC

삼내무속

정상까지
635m 안내판

입구

서귀포
1100도로

A

평화로
토랑, 광명밭

산록남로

편크스GC

주차장

포도묵직엄

포도호텔

188

정상 뷰 ★★★★　　　　　T 포인트 전망　　　　　난이도 중

탐방로 정비됨　　　　　　추천 사계절　　　　　　특이점 핀크스 GC

동행 혼자　　　　　　　　비추천 비 오는 날　　　　함께 T 영아리오름

Trekking Tip

🏔 **정상 코스**

(A 마보기 출입로, B 마보기 정상, C 영아리오름 습지 갈림길)

A→B→A, 40~50분

👁 입구에서 정상까지 중간중간 거리안내 이정표가 있고, 갈림길이 없어 오르기 수월함

정상까지 가는 오르막이 제법 경사가 있지만, 삼나무와 편백나무 숲길을 따라 쉬엄쉬엄 오를 수 있어서 산책하는 즐거움이 있다. 영아리오름까지 연이어 트레킹을 원한다면, 영아리오름 맵 참조하여 습지(행기소) 또는 영아리 정상까지 다녀와도 좋음

★ 정상에서 조망해보는 서귀포 남쪽의 오름 군락

🕐 시간 제한 없지만, 늦은 시간은 피할 것

💼 운동화, 식수, 모자, 자외선 차단제

🍸 없음, 핀크스 GC 편의시설 이용

How to Go

📍 **서귀포시 안덕면 상천리 산 83**

🚗 **내비게이션 '마보기오름'**

제주시 버스터미널에서 30km, 40분 / 서귀포 버스터미널에서 18km, 30분

A지점 도로 갓길은 협소하니, 포도 호텔이나 핀크스 GC 주차장 이용

🚌 **광평리 정류장**

광평리 정류장(752-1, 752-2번) 하차 → A지점까지 1.3km, 도보 15~20분

인도 없으므로 도로 갓길 이용하고, 차량 통행 많아 각별히 차량 주의

남송이오름

남소로기, 남송악 **표고** 339m **비고** 139m

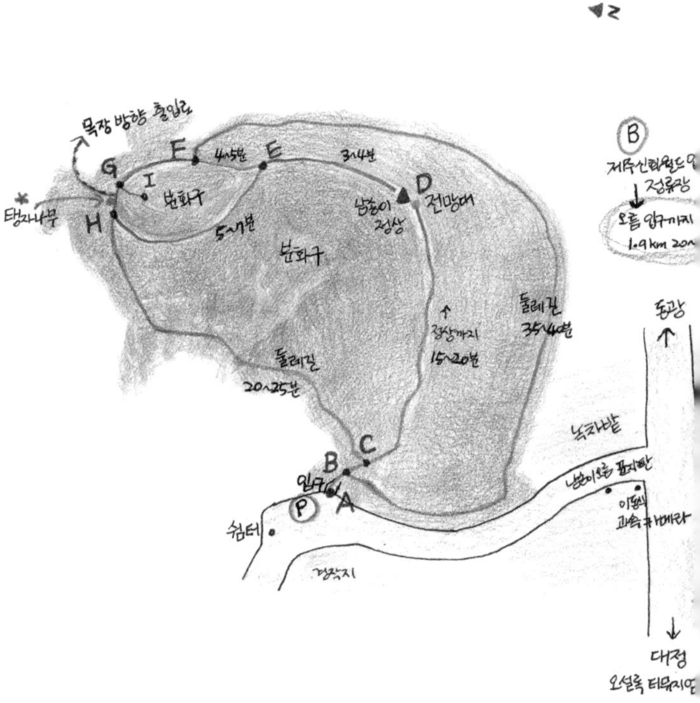

ⓑ 제주신라월드 정류장
↓
오름 입구까지
1.9km 20분

목장 방향 출입로

G F E D
H I 분화구 남송이
정상 전망대

탱자나무

5개분 4/5분 3/4분

분화구

장상까지 둘레길
15~20분 35/4분

둘레길
20~25분

돌랑
↑

녹차나무

B C 남송이오름 표지판
입구
P A 이동식
고속카메라

쉼터

경작지

↓
대정
오설록 티뮤지엄

정상 뷰 ★★★★   **T 포인트** 전망, 숲 산책   **난이도** 중

탐방로 정비 잘됨   **추천** 사계절   **특이점** 분화구 쉼터

동행 함께   **비추천** 비 오는 날   **함께 T** 대병악, 소병악

Trekking Tip

🏔 **정상 코스, 정상+분화구 코스, 둘레길 코스**

(A 오름 입구, B,C 정상, 둘레길 갈림길, D 정상 전망대, E 분화구 둘레 갈림길, F 둘레길, 분화구 갈림길, G 분화구 입구 갈림길, H 분화구, 둘레길 갈림길, I 분화구 쉼터)

1. 정상 코스 A→B→C→D→C→B→A, 30분~40분

2. 정상+분화구 코스 A→B→C→D→E→F→G→I→G→H→C→B→A, 50분~1시간

3. 둘레길 코스 A→B→F→G→H→C→B→A, 1시간~1시간 10분

👁 정상으로 오르는 C~D구간은 제법 경사가 있어서 힘들지만, 나머지 탐방로는 완만하여 산책하기 좋음. 아늑한 분화구 쉼터는 2~3분이면 내려갈 수 있는데, 계단에 나무가 쓰러져 있으니 조심하기. H~C구간 둘레길은 문도지오름과 주변 곶자왈 전망이 좋고, 소를 방목하므로 주의하기

★ 분화구 편백나무숲 쉼터

🕐 시간 제한 없지만, 숲이 울창하여 늦은 시간은 피할 것

👜 트레킹화, 긴바지, 스패츠, 진드기 기피제, 스틱, 식수, 간식, 모자

🍸 없음

How to Go

📍 **서귀포시 안덕면 서광리 산 31**

🚗 **내비게이션 '신화역사2교차로'**

제주시 버스터미널에서 32km, 40분 / 서귀포 버스터미널에서 22.6km, 30분

'신화역사2교차로'에서 '오설록 티뮤지엄' 방향(내리막 도로)으로 360m 직진하여 우회전(박스형 과속카메라 앞 오른쪽 도로, 남송이오름 표지판) → 460m 직진 → A지점 공터에 주차

🚌 **제주신화월드입구 정류장**

제주신화월드입구 정류장(255, 771-1, 784-1번) 하차 → A지점까지 1.9km, 도보 20~25분

고근산

호근산 표고 396.2m **비고** 171m

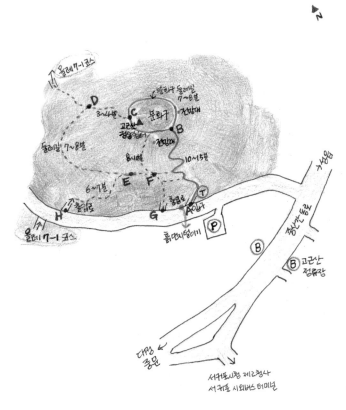

올레7-1 코스

D

3~4분

C 분화구

고근산
정상 (쉼터)

분화구 올레길
7~8분

전망대

B

전망대

10~15분

돌레길 7~8분

8시혜

6세분

E F

H 출입로

G

쉼터

A상자

T

P

돔머시덜아기

올레17-1 코스

중산간동로

B

B 고근산
정류장

대정
중문

서귀포시청 제2청사
서귀포 시외버스 터미널

정상 뷰 ★★★★★   **T 포인트** 전망, 숲 산책   **난이도** 중
탐방로 정비 잘됨   **추천** 사계절   **특이점** 올레7–1코스
동행 혼자   **비추천** 비 오는 날   **함께 T** 삼매봉, 솔오름

Trekking Tip

🔺 **정상+분화구 코스, 고근산 전체 코스**

   (A 고근산 입구, B 정상 분화구 둘레 갈림길, C 올레7–1코스 갈림길, D 둘레길 갈림길,
   E 올레7–1코스와 둘레길 교차지점, F 둘레길과 정상 갈림길, G 흙먼지 털이기 지나자마자 출
   입로)

   1. 정상+분화구 코스 A→B→정상→C→둘레 한바퀴, 전망대→B→A, 40∼50분
   2. 고근산 전체 코스 A→B→정상→C→둘레 한바퀴, 전망대→C→D→E→F→G, 50분∼1시간

👁 이른 새벽 정상에 올라 일출을 맞이해도 좋고, 일몰을 보고 저녁 늦게 내려와도 좋음. 날씨가
   맑고 시야가 좋은 날엔 전망대에서 노을이 특히 멋짐. 인근 동네 주민들이 운동 삼아 많이 올
   라오기 때문에 혼자서도 여유 있게 둘러볼 수 있고, 올레길 7–1코스를 따라 연이어 트레킹해
   도 좋음.

⭐ 정상에서 바라보는 한라산과 전망대 뷰

🕐 시간 제한 없음, 야간 가로등 점등

👜 운동화, 식수

🍸 화장실, 중산간동로 편의시설 이용

How to Go

📍 **서귀포시 서호동 1286–1**

🚗 **내비게이션 '고근산 주차장'**

   제주시 버스터미널에서 48.2km, 1시간 / 서귀포 버스터미널에서 2.8km, 10분
   고근산 주차장 이용(무료) → 주차장에서 A지점 고근산 입구까지 오르막길 150m, 2∼3분

🚌 **고근산 정류장**

   고근산 정류장(641, 643, 644, 691번) 하차 → A지점까지 오르막길 1km, 도보 15∼20분

저지오름

닥몰오름 표고 239.3m 비고 104m

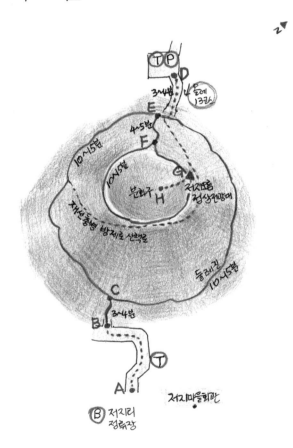

정상 뷰 ★★★★ **T 포인트** 숲 산책 **난이도** 중

탐방로 정비 잘됨 **추천** 사계절 **특이점** 분화구 전망대

동행 혼자 **함께 T** 남송이오름

Trekking Tip

🏔 **정상+분화구 코스, 둘레길 코스**

(A 저지리마을 오름 진입로, B 저지오름 탐방로 입구, C 둘레길 순환로 갈림길, D 주차장 오름 진입로, E 둘레길 순환로, 정상 탐방로 갈림길, F 분화구 둘레 갈림길, G 저지오름 정상, H 분화구 전망대)

1. 정상+분화구 코스 A→B→C→E→F→G→H→G→F→E→C→B→A or
D→E→F→G→H→G→F→E→D, 1시간~1시간 20분

2. 둘레길 코스 A→B→C→E→C→B→A or D→E→C→E→D, 30~40분

👁 오름 정상과 분화구 내부에 전망대가 있어서 주변 전망은 물론 분화구 안까지 조망할 수 있음

둘레길을 생략하고 짧은 시간 오름 정상만 탐방하려면 D지점 주차장 이용

올레13코스, 올레14코스, 올레14-1코스를 연이어 트레킹해도 좋음

★ 분화구 전망대에서 관찰해보는 분화구 내부 식생

🕐 시간 제한 없음

👜 운동화, 식수

🍸 화장실, 저지마을 편의시설 이용

How to Go

📍 제주시 한경면 저지리 산 51

🚗 **내비게이션 '저지오름' or '저지오름 주차장'**

제주시 버스터미널에서 37km, 50분 / 서귀포 버스터미널에서 31.5km, 45분

D지점은 저지오름 주차장, A지점은 저지마을 도로 갓길에 주차

🚌 **저지리 정류장**

저지리 정류장(777-1, 784-1번) 하차 → 오름 입구까지 300m, 도보 4~5분

당산봉

당오름 표고 148m 비고 118m

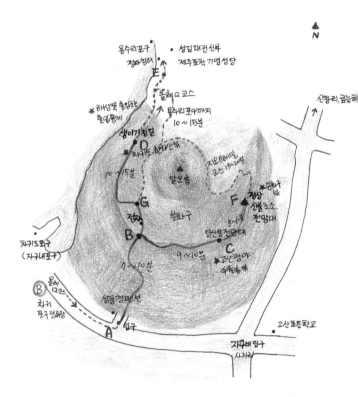

용수리포구
정자쉼터

● 성김재건 신부
  제주포착 기념성당

E

올레12 코스

★ 해성뭉 출림로난
  출림올레

용수리포구까지
10~15분

★생이기정길

D
차나도 ·하나는북

10~15분

지부터레
코스 15~20분

알오름

★출구부
F ★정상
  산불초소
  전망대

G
정자
          분화구

10~15분

B ★   당산봉전망대

차귀3포구   당산봉전망대
(자구내포구)   9시 10분
                         C
                    ★고산평야
                      수천농북

7시 10분

★올레
12코스

차귀
포구 전적장

설평경페분

B   입구
A

● 고산초등학교

자구내 입구
사거리

고산환승 정류장

N

정상 뷰 ★★★★	**T 포인트** 전망, 노을	**난이도** 중
탐방로 정비 잘됨	**추천** 9월~5월	**특이점** 올레12코스, 지오트레일
동행 혼자	**비추천** 비 오는 날	**함께 T** 수월봉, 녹남봉

Trekking Tip

🏔 **정상 코스, 생이기정길 코스**

(A 당산봉 입구, B 정상, 생이기정길 갈림길, C 당산봉 전망대, D 생이기정길, E 용수포구 방향 생이기정길 출입로, F 당산봉 정상 산불감시초소 전망대, G 생이기정길 탐방로, 도로 갈림길)

1. 정상 코스 A→B→C→F→C→B→A, 30~40분

2. 생이기정길 코스 A→B→G→D→G→B→A, 40~50분 or E→D→E, 20~30분

👁 정상과 생이기정길 모두 탐방하려면 B→F→B, B→D→B, Y자형으로 트레킹하거나, 지오트레일 코스를 따라 F지점에서 D까지 갔다가 돌아오는 원형 트레킹을 하면 됨. 정상과 생이기정길은 탐방객이 많은 편이지만, 분화구 알오름 탐방로는 탐방객이 거의 없음.

★ 차귀도와 와도 바다를 물들이는 생이기정길의 노을

🕐 시간 제한 없음

🎒 운동화, 식수

🍸 없음, 차귀도포구 및 용수리포구 화장실, 주변 편의시설 이용

How to Go

📍 제주시 한경면 고산리 산 15

🚗 내비게이션 '당산봉 입구' 또는 '섬풍경리조트'

제주시 버스터미널에서 50km, 1시간 10분 / 서귀포 버스터미널에서 36km, 50분

A지점 주변 갓길에 주차하거나 400m 직진하여 차귀포구에 주차

🚌 차귀포구 정류장 or 고산환승정류장

차귀포구 정류장(771-1, 771-2번) 하차 → A지점까지 470m, 도보 5~6분

고산환승정류장(202, 102번) 하차 → A지점까지 1.4km, 도보 15~20분

비양봉

비양오름 표고 114.1m **비고** 104m

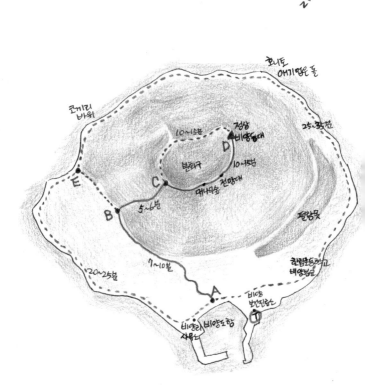

로니토
애기업은 돌

콘게리
바위

정상
비양등대

10~15분

분화구

D

E

C

10~15분
전망대

대나무숲

B

5~6분

절란못

한림중학교
비양분교

20~25분

7~10분

A

비양
보건진료소

비양리 비양도항
사무소

정상 뷰 ★★★★ **T 포인트** 전망, 해안 산책 **난이도** 중

탐방로 정비 잘됨 **추천 사계절** **특이점** 비양도

동행 혼자 **비추천** 미세먼지 심한 날 **함께 T** 느지리오름

Trekking Tip

🏔 **비양봉 정상 코스, 비양도 해안 산책 코스**

(A 비양봉 출입로, 해안 산책로 갈림길, B 비양봉 입구, C 분화구 둘레 갈림길, D 정상 등대, E 해안 산책로 갈림길)

1. 비양봉 정상 코스 A→B→C→D→C→B→A, 40~50분

2. 비양도 해안 산책 코스 A→해안 산책로 한바퀴→A, 50분~1시간

👁 2023년 8월 현재 C~D구간의 왼쪽 분화구 둘레길은 탐방 제한

섬 전체가 그늘이 없으므로 한낮 시간대는 피하는 것이 좋고, 전체 코스를 트레킹 하려면 최소 2~3시간 소요, 마지막 배 시간을 놓치지 않도록 주의하기

★ 정상 능선에서 바라보는 제주도와 한라산

🕐 시간 제한 없지만, 배 운행 시간에 맞춰 계획하기

👜 운동화, 식수, 모자, 자외선 차단제

🍷 화장실, 주변 편의시설 이용

How to Go

📍 제주시 한림읍 협재리 산 100-1

🚗 내비게이션 '한림항 도선대합실'

제주시 버스터미널에서 29km, 45분 / 서귀포 버스터미널에서 35km, 50분

도선대합실 주변에 주차

🚐 한림환승정류장(한림리)

한림환승정류장(102, 202, 291, 292번) 하차 → 도선대합실까지 730m, 도보 7~10분

⛴ 천년호(2천년호) or 비양도호

여객선은 기상 악화 시 운항이 중단될 수 있으니 사전에 전화 확인 필수

여객선 운항시간(문의 : 천년호 064-796-7522 / 비양도호 064-796-3515)

천년호 한림항 출발 09:00, 12:00, 14:00, 15:30 / 비양도 출발 09:15, 12:15, 14:15, 15:45

비양도호 한림항 출발 09:20, 11:20, 13:20, 15:20 / 비양도 출발 09:35, 11:35, 13:35, 15:35

고내봉

고내오름, 망오름　**표고** 175.3m　**비고** 135m

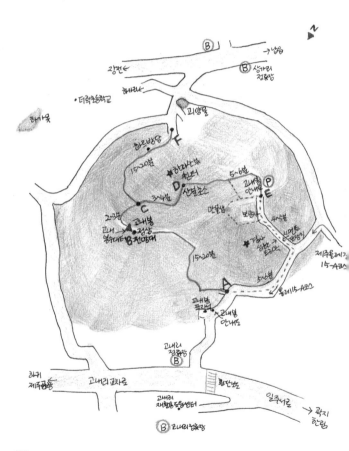

정상 뷰 ★★★   **T 포인트** 숲 산책, 전망   **난이도** 중

탐방로 정비됨   **추천** 10월~4월   **특이점** 올레15–A코스

동행 혼자   **비추천** 비 오는 날   **함께 T** 어도오름, 비양봉

Trekking Tip

🏔 **정상 코스**

(A 고내리 서북쪽 입구, B 정상 전망대, C 하르방당 갈림길, D 산불감시초소, E 보광사 방향 입구, F 하르방당 방향 입구)

1. 고내리 마을 시작 A→B→C→D→E→A, 35~45분

2. 보광사 시작 E→D→C→B→C→D→E, 20~30분

3. 상가리, 하가리 마을 시작 F→C→B→C→D→C→F, 40~50분

👁 정상 전망대는 나무에 가려 점점 전망이 없어져 아쉽지만, 산불감시초소 앞 쉼터의 한라산 방향 전망은 여전히 좋음. C~F 구간은 숲길이 제법 운치 있고 산책하기 편안하여 수풀이 무성한 여름만 피하면 걷기 좋음

★ 산불감시초소 쉼터의 한라산 전망

🕐 시간 제한 없음

💼 운동화, 식수

🍸 없음, 주변 마을 편의시설 이용

How to Go

📍 제주시 애월읍 고내리 산 3–1

🚗 제주시 버스터미널에서 20km, 35분 / 서귀포 버스터미널에서 39km, 50분

1번 코스 내비게이션 '고내리 재활용도움센터' 주차장 이용 → 횡단보도 건너서 A로 이동

2번 코스 내비게이션 '애월읍 고내봉길 63–16' 보광사 지나 70~80m 직진, E지점 공터에 주차(보광사 방향 오르막 도로가 비좁아 맞은편 차량 주의, 주차 공간 넉넉)

3번 코스 출입로 주변에 주차가 쉽지 않기 때문에 차량 이용 시 1번 or 2번 코스 이용

🚌 **고내리 정류장 or 상가리 정류장**

고내리 정류장(202, 270, 793–1번) 하차 → A지점까지 300m, 도보 3~4분

상가리 정류장(291, 292, 794–1번) 하차 → F지점까지 250m, 도보 3~4분

큰노꼬메오름 큰오름 표고 833.8m 비고 234m

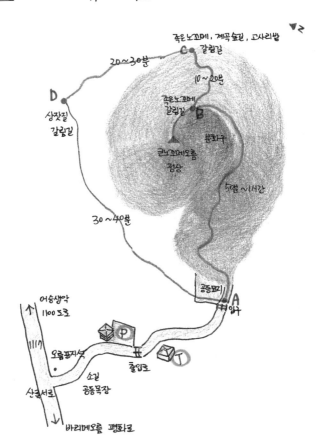

죽은 노꼬메, 계곡 숲길, 고사리밭
C 갈림길

20~30분

10~20분

D
상잣질
갈림길

죽은노꼬메
갈림길 B

분화구

큰노꼬메오름
정상

5명~1시간

30~40분

공동표기

A 입구

어숭생악
1100도로

11개

오름표지석

소길
공동목장

출입구

P

T

산굴서로

바리메오름 평화로

202

정상 뷰 ★★★★★	T 포인트 전망, 숲 산책	난이도 상
탐방로 정비 잘됨	추천 사계절	특이점 상잣질 둘레길
동행 혼자	비추천 비 오는 날	함께 T 족은노꼬메, 궷물오름

Trekking Tip

🏔 **정상 코스, 정상+둘레길(상잣질) 코스**

(A 큰노꼬메 입구, B 큰노꼬메 능선, 족은노꼬메 갈림길, C 족은노꼬메 갈림길, D 상잣질 갈림길)

1. 정상 코스 A→B→정상→B→A, 1시간 30분~2시간

2. 정상+둘레길(상잣질) 코스 A→B→정상 →B→C→D→A, 1시간 50분~2시간 20분

👁 혼자라면 1번 코스, 함께라면 2번 코스가 좋고, 족은노꼬메 둘레길과 궷물오름을 연이어 트레킹해도 좋음. 비나 눈으로 탐방로가 젖어 있는 날은 스틱과 밧줄을 잡고 겨우 내려올 정도로 미끄럽고 위험하니 맑은 날씨에 찾는 것이 좋음

주차장에서 A지점까지 5~6분 소요되고, 울창한 숲길로 시작되는 오름 초입은 완만하여 산책하기좋으나, 계단 구간부터는 오름이 쉽지 않고 여러 차례 쉬어야 겨우 능선에 오를 수 있음

소나무숲을 지나면 탁 트인 능선이 시작되는데, 정상까지는 전망도 좋고 걷기도 편안해짐

★ 정상 쉼터에서 풍경놀이

🕐 시간 제한 없음

👜 트레킹화, 스틱, 모자, 식수, 간식, 아이젠(동절기 눈길 산행 시)

🍸 화장실

How to Go

📍 제주시 애월읍 유수암리 산 138

🚗 내비게이션 '큰노꼬메오름 주차장'

제주시 버스터미널에서 19km, 35분 / 서귀포 버스터미널에서 37km, 45분

큰노꼬메오름 주차장 이용(무료)

🚌 가까운 버스 정류장 없음

족은노꼬메오름

족은오름 표고 774.4m 비고 124

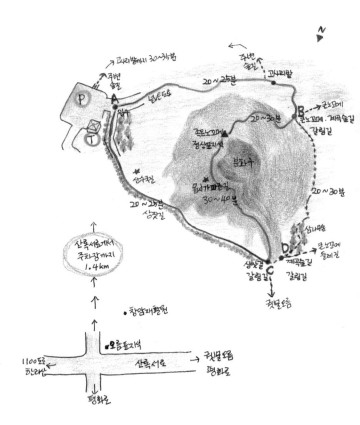

과리밭까지 30~35분

주변 올라

주변 올라

P

입구

넓은도로

20~25분

과리밭

큰노꼬메.계곡숲길 갈림길

B

족은노꼬메 정상표지석

20~30분

분화구

산수직길

몹시가파른길 30~40분

20~25분 상잣길

20~30분

삼나무숲

큰노꼬메 둘레길

상잣길 갈림길

C

계곡숲길 갈림길

D

큰노꼬메 둘레길

계곡숲길 갈림길

젯널오름

산록서로에서
주차장까지
1.4km

●창암재활원

●오름표지석

1100도로
한라산

산록서로

궷물오름
평화로

평화로

정상 뷰 ★★★	**T 포인트** 둘레길 산책	**난이도** 상
탐방로 정비됨	**추천** 10월~6월	**특이점** 상잣질 둘레길
동행 함께	**비추천** 한여름	**함께 T** 큰노꼬메, 궷물오름

Trekking Tip

🐾 **정상 코스, 둘레길 코스**

(A 족은노꼬메 입구 갈림길, B 족은노꼬메 정상, 둘레길 갈림길, C 정상 탐방로, 상잣질 갈림길, D 계곡 숲길, 큰노꼬메오름 상잣질 갈림길)

1. 정상 코스 A→B→정상→C→A, 1시간 30분~2시간 or A→B→정상→B→A, 1시간 30분

2. 둘레길 코스 A→C→D→B→A, 1시간~1시간 20분

👁 족은노꼬메는 정상 전망이 좋지 않고, 오름의 난이도도 높아서 편안하게 산책하기 어려운 오름이지만, 상잣질과 계곡 숲, 고사리밭을 이어 걷는 둘레길 한바퀴는 완만하고 편안하여 어느 날씨에 걸어도 만족도가 높음

정상으로 오르는 탐방로는 B—정상 구간보다는 C—정상 구간이 훨씬 더 가파르고 험하기 때문에 비와 눈으로 탐방로 상태가 좋지 않은 날은 B—정상—B를 이용하고 둘레길을 산책하는 것이 좋음

족은노꼬메 둘레길에서 궷물오름을 연이어 트레킹하고 싶다면 C지점 갈림길 이용

★ 둘레길을 수놓는 6~7월의 산수국

🕐 시간 제한 없지만, 정상 숲길이 울창하고 험하니 늦은 시간은 피할 것

🎒 트레킹화, 스틱, 모자, 식수, 간식, 아이젠(동절기 눈길 산행 시)

🍴 화장실

How to Go

📍 제주시 애월읍 유수암리 산 138

🚗 내비게이션 '족은노꼬메오름 주차장'

제주시 버스터미널에서 22km, 40분 / 서귀포 버스터미널에서 37km, 50분

족은노꼬메오름 주차장 이용(무료 / 진입로 도로 폭 좁고, 노면 주의)

🚌 가까운 버스 정류장 없음

단산

바굼지오름 표고 158m 비고 113m

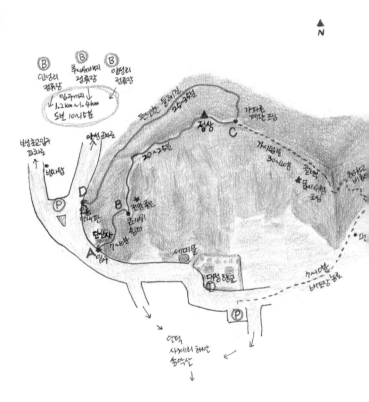

정상 뷰 ★★★★★	**T 포인트** 전망	**난이도** 상
탐방로 정비됨	**추천** 10월~4월	**특이점** 대정향교, 세미물
동행 함께	**비추천** 여름, 비 오는 날	**함께 T** 군산, 가시오름

Trekking Tip

🏔 **정상 코스, 정상+둘레길 코스**

(A 단산사 오름 입구, B 큰바위 쉼터, C 정상 능선 갈림길, D 둘레길 출입로, E 동쪽 출입로)

1. 정상 코스 A→B→정상→B→A, 50분~1시간

2. 정상+둘레길 코스 A→B→정상→C→D, 1시간 or A→B→정상→C→E→대정향교→A, 1시간 30분

👁 C~D구간 이용 시, 계단 구간은 경사 심하므로 각별히 조심하기

C~E 암벽 절벽 구간은 가시덤불 많고 비좁아 매우 위험하므로 조심하고, 고소공포증이 있거나 아이들과 동행 시에는 1번 코스 이용하는 것이 안전함

B지점이나 정상 능선에서 주변 풍경을 조망하거나 사진 찍을 때 추락하지 않도록 조심하기

★ B지점 전망 좋은 큰바위 쉼터

🕐 시간 제한 없지만, 어두워지면 위험하므로 늦은 시간은 피할 것

💼 트레킹화, 긴바지, 긴소매, 스패츠, 스틱, 장갑, 모자, 식수

🚻 대정향교 화장실 이용

How to Go

📍 서귀포시 안덕면 사계리 3123-1, 서귀포시 대정읍 인성리 21-2

🚗 내비게이션 '단산사(대정읍 인성리 22-1)'

제주시 버스터미널에서 38km, 50분 / 서귀포 버스터미널에서 23km, 40분

A~D지점 갓길, 공터에 주차

🚌 인성리 정류장, 추사유배지 정류장, 안성리 정류장, 안성리사무소앞 정류장 등

일주서 도로의 안성 교차로, 추사 교차로, 보성초교입구 교차로에 정차하는 버스 이용

151, 202, 252, 253, 255, 751-1, 752-2번 하차→A지점까지 1.2km~1.4km 도보 10~15분

군산

군뫼, 굴뫼 표고 334.5m   비고 280m

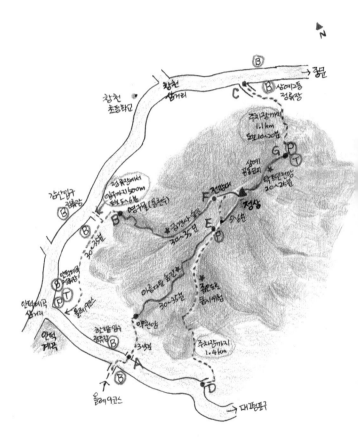

정상 뷰 ★★★★★　　　**T 포인트** 전망　　　**난이도** 상

탐방로 정비 잘됨　　　**추천** 사계절　　　**특이점** 올레9코스

동행 함께　　　　　　**비추천** 비 오는 날　　**함께 T** 우보악, 단산

Trekking Tip

🏔 **올레9코스+정상 코스, 상예동 진입 정상 코스, 자동차로 정상 코스**

　(A 올레9코스, 약천암 방향 진입로, B 감산 방향 오름 입구, C 상예동 방향 진입로, D 자동차
　진입로, E 정상 주차장, F 북쪽 전망대, G 상예동 주차장, 오름 입구)

　1. 올레9코스+정상 코스 A→E→정상→F→B, 1시간 30분~1시간 50분

　2. 상예동 진입 정상 코스 C→G→정상→G, 40~50분

　3. 자동차로 정상 코스 D→E→정상→E, 15~20분

👁 　난이도는 3번(하)→2번(중)→1번(상), 숲과 전망 모두 즐기려면 1번 선택하기

　1번 코스 이용 시, B지점에서 안덕계곡 주차장까지 올레9코스로 30분 추가 이동

　B~F구간은 경사가 심해 오름 보다는 내려오는 길이 편함

★ 　정상 바위에 올라 360도 파노라마 뷰

🕐 　시간 제한 없음

👜 　1번 코스-트레킹화, 스틱, 식수, 간식 / 2번 코스-운동화, 식수 / 3번 코스-준비물 없음

🍸 　G지점 화장실, 안덕계곡 주차장 화장실 이용

How to Go

📍 　서귀포시 안덕면 창천리 산 3-1

🚗 　제주시 버스터미널에서 39km, 1시간 / 서귀포 버스터미널에서 18km, 35분

　1번 코스 내비게이션 '안덕계곡 주차장' 이용(무료) → A지점까지 1km, 도보 15분 이동

　2번 코스 내비게이션 '서귀포시 상예동 산2-1' G지점 주차장 이용(무료)

　3번 코스 내비게이션 '군산오름 주차장(창천리)' E지점 주차장 이용(도로 비좁아 위험)

🚌 　한밭입구 정류장 or 상예2동 정류장

　1번 코스 한밭입구 정류장(751-2번) 하차 → A지점으로 곧장 진입

　2번 코스 상예2동 정류장(202, 282, 532번) 하차 → 군산 산책로(정류장 옆) 진입 → G지점까
　지 1.1km, 10~15분(인적 드문 길이라 함께)

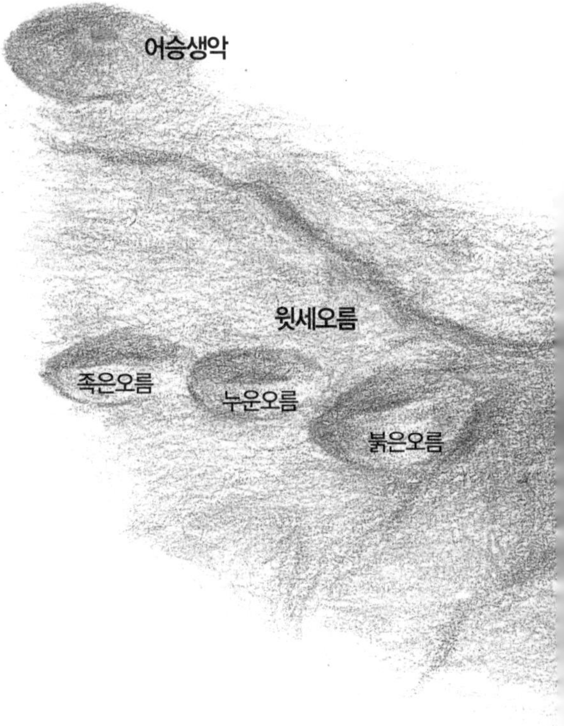

어승생악

윗세오름

족은오름   누운오름   붉은오름

한라산국립공원 오름

제주 오름의 약 13%가 한라산국립공원에 자리하고 있는데, 대부분 출입이 제한된 상태이고 정상 탐방이 가능한 오름은 어승생악, 윗세오름(족은오름, 누운오름, 붉은오름), 사라오름 뿐이다. 이 오름 또한 아무 때나 자유롭게 드나들지 못하고, 기상 악화 시에는 출입이 금지되기도 한다. 어승생악과 윗세오름은 사전 예약 없이 정해진 시간에 탐방 가능하고, 사라오름은 사전 예약이 필요하다. 한라산 능선부터 자락까지 자리한 이 오름들은 한라산의 봉우리를 가까이 조망해 볼 수 있어 좋고, 제주도 전역의 경치를 한눈에 감상하기에도 그만이다. 또한 한라산만이 내어줄 수 있는 그윽한 숲의 정취는 사계절 어느때 찾아도 아름답고 만족스러워서 오름 트레킹 최고의 묘미를 선사해 준다. 각 탐방로 입구까지 수시로 버스가 다니기 때문에 대중교통 이용이 편리하고, 연중 한라산국립공원을 찾는 탐방객이 많아 혼자서도 편안하게 트레킹이 가능하다.

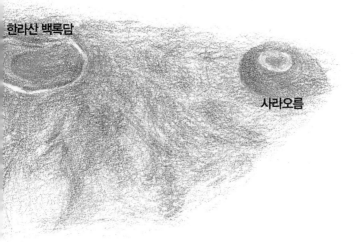

한라산 백록담

사라오름

어승생악

어승생오름 표고 1,169m **비고** 350m

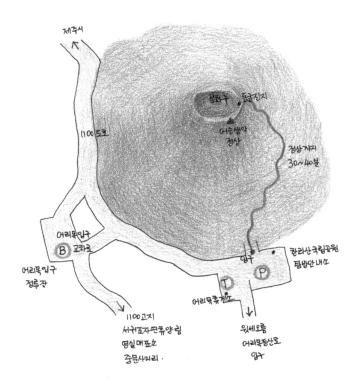

제주시

1100도로

분화구 · 동굴진지

어승생악
정상

정상까지
30~40분

어리목입구
B 교차로

어리목입구
정류장

입구 · 한라산국립공원
탐방안내소

P

어리목탐방센터

1100고지
서귀포자연휴양림
영실매표소
중문사거리 ·

윗세오름
어리목등산로
입구

정상 뷰 ★★★★★　　　　**T 포인트** 전망　　　　**난이도** 상

탐방로 정비됨　　　　　　**추천** 사계절　　　　　**특이점** 산정 화구호

동행 혼자　　　　　　　**비추천** 비 오는 날　　　**함께 T** 윗세오름

Trekking Tip

🔺 **정상 코스**

어승생악 입구→정상, 편도 30~40분

👁 어승생악은 한라산국립공원 어리목 주차장을 함께 사용하므로, 윗세오름 어리목 코스와 함께 트레킹하면 좋음. 숲이 울창한 오름이지만, 정상에서의 전망이 아주 좋아서 맑은 날씨에 오르면 만족도가 높고, 3월~10월까지는 큰 준비없이 가벼운 탐방이 가능하지만, 11월~2월에는 날씨에 따라 철저한 준비가 필요함

호우, 태풍, 대설주의보 및 경보 시 탐방이 통제되므로, 탐방안내소에 확인(064)713-9950~1)

★ 정상에서 바라보는 한라산과 주변 계곡 및 오름 군락

🕐 탐방 가능 시간 및 입산 제한 시간이 계절에 따라 다름

춘추절기(3월, 4월, 9월, 10월) 05:30부터 탐방 가능, 17:00부터 입산 제한 / 하절기(5월~8월) 05:00부터 탐방 가능, 18:00부터 입산 제한 / 동절기(11월~2월) 06:00부터 탐방 가능, 16:00부터 입산 제한

💼 트레킹화, 식수/ 동절기에는 스틱, 아이젠, 장갑 필수

🍸 화장실, 한라산국립공원 탐방안내소

How to Go

📍 제주시 해안동 산 220-12

🚗 내비게이션 '어리목 주차장'

제주시 버스터미널에서 19km, 30분 / 서귀포 버스터미널에서 27km, 40분

어리목 주차장 이용(유료 / 전기차 충전소 있음)

동절기에는 1100도로가 통제될 때가 많으므로, 출발 전에 통제 유무 확인 필수

🚌 어리목입구 정류장

어리목입구 정류장(240번) 하차 → 어승생악 입구까지 1.1km, 도보 10~15분

윗세오름

	표고	비고
윗세붉은오름	1,740m	75m
윗세누운오름	1,711.2m	71m
윗세족은오름	1,698.9m	64m

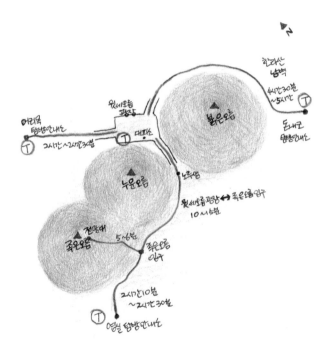

정상 뷰 ★★★★★

탐방로 정비 잘됨

동행 혼자

T 포인트 한라산 등산

추천 사계절

비추천 미세 먼지 심한 날

난이도 최상

특이점 윗세족은오름 탐방

함께 T 어승생악

Trekking Tip

🏔️ **영실코스 or 어리목코스 or 돈내코코스+윗세족은오름 정상 코스**

영실 탐방안내소	→ 2.5km 40분	영실탐방로 입구	→ 1.5km 50분	병풍 바위	→ 2.2km 40분	윗세오름 광장	편도 2시간 10분
어리목 탐방안내소	→ 2.4km 1시간	사제비 동산	→ 0.8km 30분	만세 동산	→ 1.5km 30분	윗세오름 광장	편도 2시간
돈내코 탐방안내소	→ 5.3km 2시간 50분	평궤 대피소	→ 1.7km 40분	남벽 분기점	→ 2.1km 1시간	윗세오름 광장	편도 4시간 30분

👁️ 윗세오름 트레킹은 윗세붉은오름, 윗세누운오름, 윗세족은오름 세 오름과 함께 한라산 봉우리의 남벽을 가까이 볼 수 있는 코스로, 윗세족은오름 정상만 탐방 가능. 영실, 어리목, 돈내코세 방향에서 올라와 윗세오름 광장에서 합류, 하산 시 어느 길로 내려가도 무방
탐방로에 매점 없고 날씨 변화가 심하므로 충분한 물과 간식, 여벌 옷 준비. 호우, 태풍, 대설주의보 및 경보 시 탐방이 통제되고, 동절기에는 산간지역 도로가 자주 통제되므로 사전에 탐방안내소에 확인(어리목 064)713-9950 / 영실 747-9950 / 돈내코 710-6920)

⭐ 윗세오름 광장에서 바라보는 한라산, 윗세족은오름 전망대의 360도 파노라마 뷰

🕐 **어리목, 영실코스** 춘추절기(3월, 4월, 9월, 10월) 05:30부터 탐방 가능, 14:00부터 입산 제한 / 하절기(5월~8월) 05:00부터 탐방 가능, 15:00부터 입산 제한 / 동절기(11월~2월) 06:00부터 탐방 가능, 12:00부터 입산 제한 **돈내코코스** 춘추절기 05:30부터 탐방 가능, 10:30부터 입산 제한 / 하절기 05:00부터 탐방 가능, 11:00부터 입산 제한 / 동절기 06:00부터 탐방 가능, 10:00부터 입산 제한

💼 트레킹화, 스틱, 식수, 간식, 바람막이/ 동절기에는 아이젠, 방한모자, 장갑 필수

🍸 화장실, 윗세오름대피소

How to Go

📍 서귀포시 서호동 산 183-1 윗세붉은오름 / 서귀포시 영남동 산 1-1 윗세누운오름
제주시 애월읍 광령리 산 183-6 윗세족은오름

🚗 내비게이션 '어리목 주차장' or '영실입구 주차장' or '돈내코 주차장'
어리목 주차장(유료) 제주시 버스터미널에서 19km, 35분 / 서귀포 버스터미널에서 27km, 45분
영실입구 주차장(유료) 제주시 버스터미널에서 30km, 50분 / 서귀포 버스터미널에서 19km, 30분
돈내코 주차장(무료) 제주시 버스터미널에서 36km, 50분 / 서귀포 버스터미널에서 16km, 30분

🚌 어리목입구 정류장(240번) 하차→ 어리목 주차장까지 1km, 도보 15분
영실매표소 정류장(240번) 하차→ 영실탐방로 입구까지 2.5km, 도보 40분
충혼묘지광장 정류장(611, 612번) 하차→ 돈내코 입구까지 1.5km, 도보 20분

사라오름

사라악 표고 1,324.7m **비고** 150m

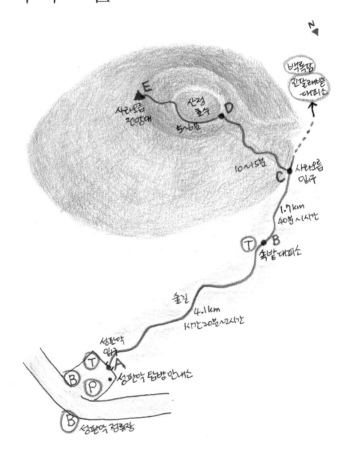

N

백록담
진달래밭
대피소

E
사라오름
전망대

산정
호수
D

5∼6분

10∼15분

C 사라오름
입구

1.7km
40분 ↔1시간

T B
속밭대피소

숲길

4.1km
1시간20분∼2시간

성판악
입구
T A
B P
성판악 탐방 안내소

B
성판악 정류장

정상 뷰 ★★★★   **T 포인트** 한라산 등산   **난이도** 최상
탐방로 정비 잘됨   **추천** 사계절   **특이점** 성판악, 탐방 예약
동행 혼자   **비추천** 비 오는 날   **함께 T** 한라산 백록담

Trekking Tip

🥾 **한라산 성판악 등산+산정호수+사라오름 정상 코스**

(A 성판악 입구, B 속밭대피소, C 사라오름 입구, D 산정호수 입구, E 사라오름 전망대)
A→B→C→D→E, 편도 2시간 30분~3시간

👁 사라오름은 한라산 중턱에 위치한 오름으로, 한라산 성판악코스를 통해 등산하며, 백록담 정상까지 연이어 트레킹 가능

성판악코스는 탐방 예약 필수, 한라산탐방 예약시스템→ 탐방월 기준 전월 1일 09시부터 예약 가능(주1회 / 1인 최대 4명까지 예약 가능/ 예약된 입산 종료시간 이전까지 취소 가능)

호우, 태풍, 대설 주의보 및 경보 시 탐방이 통제되고, 동절기에는 516도로가 폭설로 자주 통제되므로, 출발 전에 탐방 가능 유무 확인하기(문의 064)725-9950)

한라산 탐방로에 매점이 없으니 충분한 물과 간식 준비하기

⭐ 사계절 다채로운 산정호수

🕐 성판악 입구를 통해 입산하므로 이른 시간에 입산이 제한되지만, 탐방 시간은 하산 시간 계산하여 좀더 여유 있게 탐방 가능. 춘추절기(3월, 4월, 9월, 10월) 05:30부터 탐방 가능, 12:30부터 입산 제한 / 하절기(5월~8월) 05:00부터 탐방 가능, 13:00부터 입산 제한 / 동절기(11월~2월) 06:00부터 탐방 가능, 12:00부터 입산 제한

💼 트레킹화, 스틱, 식수, 간식 / 동절기에는 아이젠, 장갑 필수

🍸 화장실, 속밭대피소

How to Go

📍 서귀포시 남원읍 신례리 산 2-1

🚗 내비게이션 '성판악 주차장'

제주시 버스터미널에서 20.8km, 30분 / 서귀포 버스터미널에서 26km, 40분
성판악 주차장은 협소하여 이른 시간에 만차, 대중교통 이용이 편리함

🚐 성판악 정류장

성판악 정류장(281, 181, 182번) 하차 → 주차장 통과 → 성판악 입구에서 트레킹 시작

Theme Index 테마 인덱스

전체 오름 중에서 특별히 아름답고 멋진 오름을 엄선하여 〈오름 오름 101 트레킹 맵〉에 소개하였지만, 한라산 자락에서부터 해안까지 제주 전역에 흩어져 있는 수많은 오름을 단시간에 돌아보기는 쉽지 않다. 그래서 특정 테마별로 베스트 오브 베스트 오름을 한번 더 엄선하여, 주어진 상황에 따라 짧은 시간에 효율적으로 둘러볼 수 있게 구성하였다. 한라산 전망이 특히 더 좋은 오름, 분화구를 감상하기 좋은 오름, 갑자기 비가 와도 찾아가기 좋은 오름, 무더운 여름에 올라도 좋은 오름, 가을에 더 예쁜 오름, 노을 감상하기 좋은 오름, 아이들과 함께 오를 수 있는 오름, 숲길 산책이 좋은 오름, 제2공항 예정 지역의 위태로운 오름들을 만나보자.

01 제2공항으로 위태로운 성산의 오름

오름이 360여 개가 넘는데, 몇 개 없어져도 괜찮은 걸까?

오름에 한 번이라도 올라본 사람이라면 알 것이다. 얼마나 많은 나무들과 식물, 곤충, 새, 노루들이 그곳에서 살고 있는지를. 오름 주변과 땅밑에는 수많은 이들의 농지와 숨골, 용암동굴까지 산재해 있다. 그런데 그런 동식물의 보금자리를 밀어내고, 물길도 막고, 숨골도 덮어버리고 지하로 뻗어 있는 용암동굴의 위험요소까지 떠안고서 바로 그 땅에 공항을 짓겠다는 것이다.

한국개발연구원(KDI)에서 2016년에 실시한 '제주공항 인프라 확충사업 예비 타당성 조사' 결과에 의하면, 현재 추진하려고 하는 제2공항 예정 지역에 공항을 건설할 경우, 비행 안전을 위한 '장애물 제한표면 저촉여부 검토'에서 은월봉, 대왕산, 대수산봉, 낭끼오름, 후곡악, 유건에오름, 나시리오름, 모구리오름, 통오름, 독자봉 10개의 오름이 저촉되어 항공기 운항에 지장을 주는 것으로 나타났다. 항공기 안전운항을 위해서는 이착륙에 저촉되는 오름을 깎아 내야 한다는데, 한국개발연구원은 환경훼손을 최소화하기 위해 대수산봉만 절취하면 된다고 밝힌 바 있고, 국토부에서는 오름 절취 계획은 없다고 하였으나, 이대로 제2공항을 밀어붙인다면 어떤 결과를 초래할지 불 보듯 뻔한 일이다.

지금 이 순간에도 이렇게 위태로운 성산에는 수많은 오름이 숨죽이며 지켜보고 있다. 부디 성산의 오름과 그 안에서 살아 숨쉬고 있는 수많은 생명들이 살아남을 수 있도록, 자주 찾아가 바라봐 주고 이름도 불러주며 많은 관심을 가져주면 좋겠다.

두산봉(말미오름), 식산봉(바우오름), 성산일출봉, 대수산봉(큰물뫼), 족은물뫼(소수산봉), 왕뫼(대왕산), 족은왕뫼(소왕산), 궁대오름, 돌미오름, 낭끼오름, 유건에오름, 모구리오름, 후곡악, 독자봉, 통오름, 나시리오름, 본지오름, 남산봉, 붉은오름, 은월봉(윤드리오름)

우도

두산봉
은월봉
소왕산
식산봉
성산일출봉
돌미오름
대왕산
소수산봉
궁대오름
대수산봉
붉은오름
후곡악
낭끼오름
나시리오름
혼인지
모구리오름
유건에오름
본지오름
통오름
남산봉
독자봉

02 아름다운 숲길에서 산책하기 좋은 오름

대부분의 제주 오름은 숲이 울창하여 몇 걸음만 들어가도 숲의 정취에 흠뻑 취할 수 있다. 봄에는 수많은 들꽃과 싱그러운 초록의 기운을, 여름에는 넉넉한 그늘과 시원한 바람을, 가을에는 억새와 단풍이 어우러진 다채로운 빛깔을, 겨울에는 따스하고 아늑함을 선사해준다. 모든 오름이 멋지지만 그중 5분만 걸어도 힐링이 되는, 산책하듯 걷기 좋은 이 오름을 찾아보자.
저지오름 둘레길, 느지리오름, 궷물오름, 족은바리메오름, 왕이메오름, 민오름(오라이동) 둘레길, 고근산, 솔오름, 삼의봉 둘레길, 바농오름 둘레길, 민오름(봉개동) 둘레길, 붉은오름, 물영아리오름 둘레길, 이승이오름, 사려니오름, 거슨세미오름 둘레길, 개오름 둘레길, 둔지오름 둘레길, 대왕산, 토산봉, 달산봉, 매오름과 도청오름 둘레길

느지리오름

족은바리메

궷

저지오름

왕이메오름

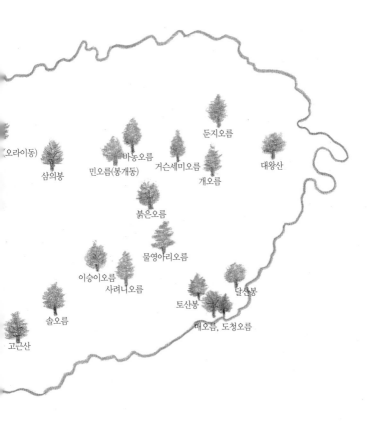

(오라이동)
삼의봉

민오름(봉개동)
바농오름
거슨세미오름
개오름
둔지오름
대왕산

붉은오름

물영아리오름

이승이오름
사려니오름

솔오름

고근산

토산봉
달산봉
매오름, 도청오름

03 분화구를 감상하기 좋은 오름

제주 오름이 육지의 산과 다른 점은 화산폭발로 인한 '분화구'가 있다는 것이다.
형성된 시기와 모양은 각기 다르지만, 그 옛날 땅 속에서 뜨거운 마그마와 암석이 뿜어져 나와 지금의 오름을 만들었는데, 분화구는 화산이 어떻게 분출했고 형성되었는지를 유추해볼 수 있는 화산의 흔적이다. 원형, 말굽형, 복합형, 원추형. 오름마다 생김이 다른 분화구를 관찰해보고 비교해보는 일이 흥미진진하지만, 날이 갈수록 분화구 주변에 수풀과 나무들이 빽빽하게 자라나서 분화구 뷰가 점점 줄어들고 있다. 분화구가 완전히 모습을 감추기 전에 분화구가 아름다운 오름을 찾아 특별한 시간을 가져보자.
아부오름, 따라비오름, 백약이오름, 높은오름, 다랑쉬오름,
아끈다랑쉬오름, 성산일출봉, 영주산, 절물오름,
가메오름, 송악산, 정물오름, 당오름, 왕이메오
름, 소병악, 큰바리메오름, 큰노꼬메오름

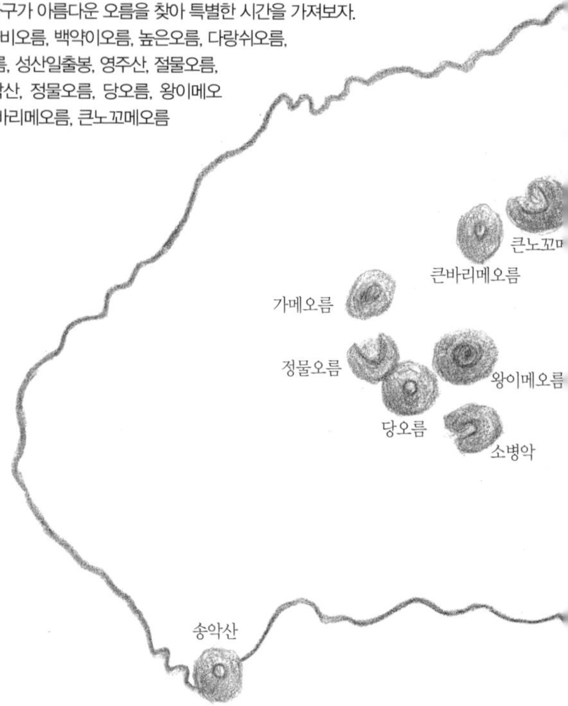

큰노꼬메

큰바리메오름

가메오름

정물오름

왕이메오름

당오름

소병악

송악산

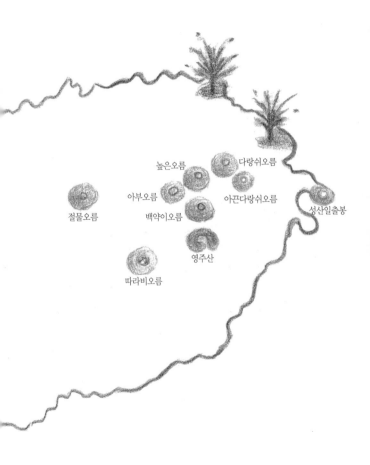

높은오름

다랑쉬오름

아부오름

아끈다랑쉬오름

절물오름

백약이오름

성산일출봉

영주산

따라비오름

04 비 오는 날에 걷기 좋은 오름

비가 오는 날은 바닥이 미끄러우니 경사가 완만하고 탐방로가 잘 정비된 오름이 안전하다.
전망은 기대할 수 없으니 정상 오름 보다는 비에 젖은 숲의 정취를 만끽하며 둘레길을 걸어보자.
저지오름 둘레길, 광이오름, 절물오름 너나들이길, 민오름(봉개동) 둘레길(A~B~C구간),
바농오름 둘레길(G~A~E~F구간), 물영아리오름 둘레길(C~D~E구간), 거슨세미오름
둘레길(A~B~C구간)

비양봉

느지리오름

저지오름

궷물

수월봉

녹남봉

마보기오

송악산

서우봉

둔지오름

오름

안세미오름　　바농오름

거슨세미오름

민오름(봉개동)

절물오름

낭끼오름　대수산봉

물영아리오름

이승이오름

월라산

제지기오름

삼매봉

05 뜨거운 여름에 올라도 좋은 오름

여름에 오름을 오를 때는 한낮 시간대는 피하고 이른
아침이나 늦은 오후 시간을 이용하자. 너무 높지 않
은 오름이 좋고, 숲이 울창하여 시원한 그늘을 만들
어주는 오름이면 더 좋다.

수월봉, 송악산, 녹남봉, 느지리오름, 궷물오름, 마보
기오름, 비양봉, 도두봉, 서우봉, 안세미오름, 둔지오
름 둘레길, 낭끼오름, 대수산봉, 이승이오름 둘레길,
월라산, 삼매봉, 제지기오름

06 여유롭게 노을 감상하기 좋은 오름

날씨만 좋다면 제주 어디서든 쉽게 노을을 감상할 수 있지만, 오름에 올라 만나는 노을은
더욱 특별하다. 일몰 1시간 전부터 일몰 후의 여운까지 느긋하게 감상하려면 접근도,
오르내림도 쉬워야 하고, 인적이 드물지 않은 오름이 좋다.
당산봉 생이기정길, 수월봉 전망대, 송악산, 가메오름,
도두봉, 사라봉, 서우봉, 민오름(오라이동), 아부오름,
낭끼오름(수산 한못)

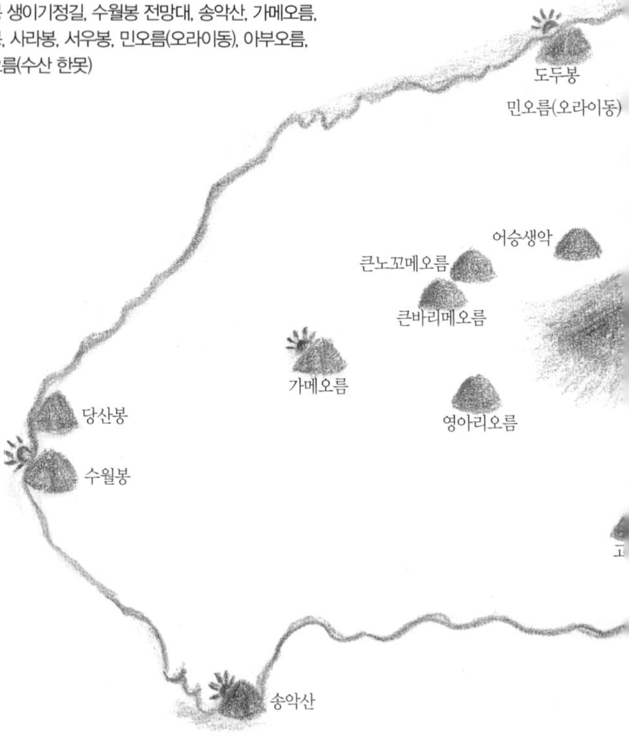

도두봉

민오름(오라이동)

어승생악

큰노꼬메오름

큰바리메오름

가메오름

영아리오름

당산봉

수월봉

송악산

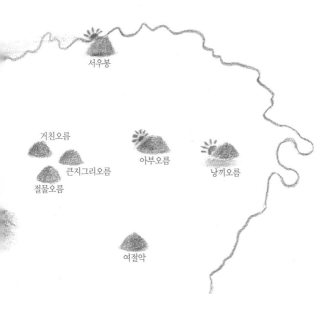

서우봉

거친오름

아부오름

낭끼오름

큰지그리오름

절물오름

여절악

07 한라산 전망과 쉼터가 좋은 오름

제주 중심부에 위치한 한라산은 대부분의 오름에서 어렵지 않게 조망할 수 있지만, 정상이 비좁거나 쉼터가 없는 오름은 머물기가 쉽지 않다. 탐방객이 붐비지 않으면서도 쉼터가 넉넉해서 느긋하게 머물기 좋은 오름에 올라 주변 경치와 함께 한라산바라기를 해보자. 단, 미세먼지 없는 맑은 날에 올라야 만족도가 높다. 큰노꼬메오름 정상 쉼터, 큰바리메오름 능선 벤치, 영아리오름 정상 바위, 어승생악 정상 쉼터, 삼의봉 전망대 쉼터, 거친오름 (F지점)정자 쉼터, 절물오름 정상 전망대, 큰지그리오름 정상 쉼터, 여절악 정상 쉼터, 삼매봉 정상 쉼터, 고근산 정상 쉼터

08 가을에 특히 예쁜 오름

가을이 되면 제주의 들판과 오름은 억새와 단풍으로 장관을 이룬다. 특별히 예쁜 억새 풍경을
보려면 따라비오름, 큰사슴이오름, 손지오름, 좌보미오름 5봉, 가메오름, 새별오름, 정물오름,
마보기오름, 우보악, 큰노꼬메오름이 좋고, 열안지오름 계곡, 족은바리메오름, 왕이메오름
분화구, 삼의봉 둘레길, 민오름(봉개동) 둘레길, 절물오름, 이승이오름,
붉은오름, 어승생악, 윗세오름, 사라오름은 단풍이 특히 곱다.

도두봉

광이오름

열안

큇물오름   어승생악

큰노꼬메오름

족은바리메
오름   윗세오름

가메오름

새별오름

왕이메오름

정물오름

마보기오름

수월봉

우보악

서우봉

사라봉

안세미오름

거친오름

손지오름

좌보미오름

궁대오름

민오름

모구리오름

절물오름

큰사슴이오름

붉은오름

따라비오름

...름

이승이오름

월라산

삼매봉

09 아이들과 오르기 좋은 오름

어린 자녀와 함께 오름을 오르려면 탐방로가 잘 정비되어
있고, 화장실이나 쉼터가 있으면서 오름 시간 또한 너무
길지 않은 곳이 좋다. 특히 아이들이 흥미를 느낄 만한 자
연 환경이나 놀이터, 노루 체험 등을 함께 할 수 있으면 더
욱 좋겠다. 궁대오름, 모구리오름, 월라산, 삼매봉, 안세미
오름, 거친오름, 서우봉, 사라봉, 도두봉, 광이오름, 궷물오
름, 수월봉

오름 목록

Epilogue

오름을 오를수록 더 많은 오름이 궁금하고, 오름을 알아갈수록 더 많은 오름이 좋아진다. 제주 머묾 11년 차, 이제는 예쁘지 않은 오름이 없고 소중하지 않은 오름이 없다.

지난 11년 동안 오름의 가장 큰 변화는 훼손이 가속화되는 오름이 늘었다는 것이다. 오름 전체에 대한 고른 관리가 이루어지지 않다 보니, 마을 주변에 있거나 탐방객이 꾸준히 찾는 곳은 주기적인 제초 작업 및 매트 교체 작업 등이 이루어지는데 반해, 인적 드문 곳은 철저하게 방치되어 수풀이 우거지고 전망이 없어져 오름으로서의 매력을 잃어가고 있다. 또한 일부 인기 있는 오름은 인파가 너무 많이 몰려서 탐방로가 훼손되고 쓰레기로 몸살을 앓고 있다.

자연휴식년제나 탐방로 정비 등을 통해 오름을 보호하고 관리하면 좋겠지만, 상당수 오름이 사유지라는 이유로 풀 한 포기 나뭇가지 하나 자를 수 없고, 매트 설치는 물론 자연휴식년제로도 보호하기 어려운 실정이다.

오름이 없는 제주섬은 상상조차 할 수 없을 만큼 귀중한 자연 유산임에도 불구하고 아직까지 오름을 전담하여 관리하고, 연구하고, 돌보는 전문 부서가 없다는 것이 안타깝다.

아끈다랑쉬, 낭끼, 비치미, 영아리, 따라비… 이름은 왜 그리 예쁜지!

40m, 58m, 62m, 17m, 91m, 113m… 높이는 왜 그리 앙증맞은지!

이른 아침에도 해질 무렵에도 햇살 좋은 날에도 바람 부는 날에도 왜 그리 변함없이 아름다운지!

한 걸음 두 걸음 발걸음을 더할 때마다 벅찬 감동을 마구마구 선사해주는 제주 오름!

내가 오름을 좋아하는 이유, 제주를 사랑하고 머무는 이유다.

지도 보는 것을 좋아해서 낯선 곳으로의 여행을 좋아하는데, 지금도 여전히 지도를 보면서 오름의 능선, 분화구, 정상을 탐험하며 오름 오르기를 즐기고 있다.

오름 하나하나 약도를 그릴 때마다 탐방로에서 만난 식물과 주변 풍경, 오름에서의 시간이 새록새록 생각나 행복하였다.

하지만 여전히 이 책이 오름을 훼손하는 데 일조하지 않을까 염려가 크다. 그럼에도 불구하고 이전보다 더욱더 많은 오름을 소개하는 이유는, 인기 오름에 사람들이 극단적으로 몰리면서 훼손이 가속화되고 있기 때문에 이런 오름은 조금이라도 보호하고 싶고, 또 다양한 오름에 고른 관심과 애정이 깃들기를 염원해서이다.

모쪼록 이 책이 '오름 오름'에 든든한 가이드가 될 수 있길, 부디 오름 보전을 위한 노력이 더해질 수 있길 바란다.

끝으로 '오름 오름'과 동행해주신 많은 독자님들과 변함없는 응원으로 큰 힘이 되어준 소중한 분들께 감사의 마음 듬뿍 전합니다.